不同根系深度植物对薄层紫色土坡地的水分适应机理（41471188）
紫色土坡地径流水源的同位素示踪研究（41101202）　　资助出版

基于稳定性氢氧同位素的紫色土丘陵区坡地水文过程研究

赵培　王超　赵鹏　魏玲　著

U0364358

黄河水利出版社

·郑州·

内 容 提 要

本书基于氢氧同位素技术结合传统水文学、土壤学方法系统分析了紫色土丘陵区典型坡地水文过程。主要内容包括紫色土丘陵区大气降水氢氧同位素特征、土壤水氢氧同位素特征、坡地径流过程与产生机制、典型代表植物的水分来源和存在的问题及下一步研究计划等。

全书以紫色土丘陵区坡地水文过程研究为主线,理论和实践结合,内容翔实,层次分明,具有较强的指导性和参照性。该项研究对我国广大山地地区开展坡地水文学研究工作具有很好的参考和借鉴作用。

本书可作为水利、农业、环境、地理等行业的科研人员和管理人员理论研究及实际工作的参考书,也可作为大专院校相关专业师生学习的参考教材。

图书在版编目(CIP)数据

基于稳定性氢氧同位素的紫色土丘陵区坡地水文过程
研究/赵培等著. —郑州:黄河水利出版社,2018.9
ISBN 978 - 7 - 5509 - 2162 - 7

Ⅰ.①基⋯ Ⅱ.①赵⋯ Ⅲ.①紫色土 - 丘陵地 - 水文
学 - 研究 Ⅳ.①P33

中国版本图书馆 CIP 数据核字(2018)第 228286 号

出 版 社:黄河水利出版社   网址:www.yrcp.com
　　　　　地址:河南省郑州市顺河路黄委会综合楼 14 层   邮政编码:450003
发行单位:黄河水利出版社
　　　　　发行部电话:0371 - 66026940、66020550、66028024、66022620(传真)
　　　　　E-mail:hhslcbs@126.com
承印单位:虎彩印艺股份有限公司
开本:787 mm×1 092 mm 1/16
印张:7.5
字数:173 千字   印数:1—1 000
版次:2018 年 9 月第 1 版   印次:2018 年 9 月第 1 次印刷

定价:30.00 元

前　言

　　在长江上游广泛分布的紫色土是由紫色岩风化形成的土壤,由于它保留着母岩鲜明的紫色,所以被称为紫色土,属于一种非地带性现象红壤系列,主要分布于中国亚热带地区。四川盆地是紫色土分布最为集中的地方,其次为云贵高原、湘中和赣中丘陵,在湖北、安徽、浙江、福建、广东、广西等省(区)也有零星分布。紫色土土层浅薄,剖面厚度一般仅有 50 cm 左右,甚至更薄,尤其是在丘陵顶部或坡面上部,往往在 10 余 cm 之下即见半风化的母岩,深处也达 100 cm 以上。由于紫色土主要分布在丘陵坡地,剖面分化不明显,易遭侵蚀,水土流失严重,是限制生产力提高的主要因素。但紫色土显著的特点是紫色母岩易风化,土层更新快,因而长期保持初期发育阶段,虽经过侵蚀,但仍大可保留原来的厚度,可谓“神奇”。但实际上紫色土的水土流失也给当地和下游的江河湖泊带来严重的泥沙问题。紫色土土层浅薄,有机质积累不高,氮素含量低,以及抗旱能力弱等,都是与水土流失有关的。但因母质原因,土壤矿质养分含量较高,粮、棉、油作物及其他经济作物,如甘蔗、烟草、果树等,几乎都能在紫色土上获得好收成,而且品质优良,因而仍不失为一种良好的农用土壤,垦殖指数较高,是一种宝贵的农业资源。改良紫色土的关键在于搞好水土保持,于是我们就产生了这样的疑问:在这样浅薄的土壤上,径流如何形成? 如何挟带养分流失? 植物又是如何适应如此浅薄的土壤而得到较好的产量和生长成高大的树木呢? 问题不断涌现,紫色土的水文过程引起了我们的研究兴趣。

　　从 2011 年开始课题组开始准备该项研究,2012 年制订了实验方案:准备采用常规的水文观测手段加上先进的稳定性氢氧同位素技术,对紫色土丘陵区薄层紫色土的坡地水文过程包括降雨、土壤水、不同尺度径流、地下水和主要典型植物水的氢氧同位素值进行采样、测定和数据分析,以期对水汽来源、土壤水分补给特征、坡地产流机制和植物主要水源进行揭示。但后来因为本人工作调动,人来人往,数据连续性并不是特别好。但仍经过一段时间的努力,我们获取了大量的数据。这些数据确实来之不易,一方面得益于领导、同事的相互支持;另一方面也是我和学生的共同努力。还记得为了采取径流过程样品,半夜睡在收集径流水池搭的木板上面,只见黑暗的天空划过一道道闪电,照得整个小区清清楚楚,暴雨倾盆,只听见翻斗左右频繁翻动,下面水池中的水渐长,怕是什么时候淹没到木板上还不知,再加上 1 h 或 2 h 采一次水样,被子潮湿,蚊子相伴,根本无法睡眠。当时也只有我与 1 个学生轮流熬夜,第 2 天白天依然要采样和及时分析(如果样品瓶收集晚了,蜗牛会把标签纸吃掉,想不到吧)。现在想想当时煞是辛苦,不过这些经历都成为我们宝贵的财富。有时也因为仪器问题采集不到数据而捶胸顿足,懊悔不已。因为数据来之不易,我们对数据格外珍惜。因为水文过程的特殊性,我想有些数据是比较有特色的,比如地下径流流量过程和同位素丰度变化(泥岩和砂岩界面产生的饱和水流),在产流过程中陶土管和土钻两种方法采集的土壤水同位素。其实缘于地域的特殊性,任何一个地方的水文数据都是独一无二的。基于这些数据,从我们认识的角度进行分析取得了一些结果,希望能给相关的土壤物理、坡地水文学的研究同行一些启示。但是水文过程极其复杂,仁者见仁,智者见智,加之我们知识有限,有些内容分析得不够透彻或者理解得有偏差,还希望与广大读者探讨。

　　由于作者水平有限,准备较为仓促,难免有纰漏之处,还望广大读者指出!在此,也要给为此书内容付出过辛苦劳动的老师和同学们道一声谢谢。

作　者

2018 年 8 月

目　录

第1章　概　述

1.1　研究背景及意义

　　位于长江上游的紫色土丘陵区人口密集,经济与社会落后,水问题和水灾害尤为突出,是我国水土流失最严重的地区之一。紫色土坡地是长江上游最重要的耕地资源,仅四川盆地面积即达 16 万 km^2,该地区的坡耕地土壤侵蚀严重,成为长江泥沙的最主要来源,是长江流域、三峡水库水环境的重要影响区域。紫色土丘陵区土壤条件较好,水、热资源较充足,是西南地区重要的农业产区,紫色土也是该区域最重要的农业资源。虽然该地区降雨总量丰富,但时间上分布极为不均,土壤保水能力差、径流系数高、农业水资源利用不合理等不利条件,在气候变化加剧的情况下,季节性干旱和洪涝等自然灾害在该地区频发,对该地区的农业生产造成了严重危害。另外,不合理的耕作和土壤本身的性质以及该地区严重的水土流失和面源污染严重地制约了当地农业的可持续发展和新农村建设。紫色土丘陵区位于长江上游,以径流为驱动力的农业非点源污染不但造成了肥料的低效利用,更对该区域乃至长江中下游地区的水环境构成了严重威胁。

　　坡地径流作为水循环的重要组成部分,是农业非点源污染、水土流失以及坡地水分分配的主导因子,长期以来是水文学、生态学和土壤学研究的重点。已有很多学者对紫色土丘陵区主要径流形式、水土流失和氮素迁移等方面进行了大量研究。由于技术条件所限,关于坡地径流的研究多集中于对坡地地表径流、壤中流和泥沙、氮素流失特征的描述,但实际上对于壤中流和地下径流产生的机制并不明确,地下径流的研究更是该区域坡地径流研究的盲点,传统的研究手段很难揭示地表下的水分运移和坡地径流产流机制。

　　稳定性氢氧同位素示踪技术为水分循环的研究提供了新方法。由于不同水体间存在着天然的氢氧同位素含量差异,像贴有不同的"标签",可以利用氢氧同位素技术加以区分,得到准确的水文径流及其水分来源。氢氧同位素被认为是示踪水文真实动力过程的最理想示踪剂,其示踪结果较任何其他人工示踪剂可更确切地反映实际水文过程。坡地径流水源是坡地径流形成和维持的条件,利用氢氧同位素方法通过示踪坡地径流各部分动态过程中土壤水与本次降雨的比例有助于更准确地揭示产流机制。稳定性氢氧同位素示踪方法具有非破坏性的特点,能够更为准确地阐明地面下的水文过程,如入渗、土壤水的再分布和蒸发。虽然被广泛的应用,但由于氢氧同位素方法建立在诸多假说之上,完善方法本身也是重点研究的内容,如量化径流水源是氢氧同位素示踪近几十年应该加强的研究方向。

　　此外,在气候变化和人类活动的影响下,近年我国极端天气如干旱和暴雨呈增加趋势,严重影响了农业生产和生态环境。旱时无水可用,涝时水多成患,成为我国很多地区面临的尴尬景象。对土壤浅薄区域而言,由于土壤蓄存水分能力有限,下伏的岩层限制了植物根系的生长和水分的入渗,一方面干旱发生时,植物更易受到水分的胁迫,易造成粮食、经济作物减产,植物生态系统功能的不稳定等;另一方面对暴雨的缓冲能力差,径流发育,更易导致水土流失、洪涝、水污染等灾害。因此,土壤浅薄地区的水文过程对降水变化响应表现的"两极化"对生态系统的影响更为突出。

水是植物生存不可或缺的重要因素,是影响植物生理生态最为关键的要素,也是决定生态系统结构和功能的重要环境因子,尤其有效水的多少、时空分布和植物获取水分的能力是植物能否适应环境的关键。目前的研究表明,长江的中上游地区大面积林地、坡耕地生态系统正在退化,部分乔木林转化为灌丛,如 25 年生的柏木林净初级生产量为 $2 \sim 4$ t/$(hm^2 \cdot a)$,相对原始冷杉林低了 $7 \sim 9$ t/$(hm^2 \cdot a)$,而林下土壤最大持水能力仅有 $300 \sim 500$ m^3/hm^2,相比低山阔叶林($2\,000 \sim 2\,500$ m^3/hm^2)相差甚远。这样的次生林地表径流比优良林分要多 10 万 $m^3/(km^2 \cdot a)$。除了森林生态系统的退化问题,农田土壤"旱、薄、瘦、蚀"等问题越发突出。其实紫色土丘陵区区域内年降雨量充沛,为 $800 \sim 1\,200$ mm,但季节分配不均,主要在 $6 \sim 8$ 月,易导致洪涝和季节性干旱,常给农业生产造成巨大损失。而这些问题可能主要缘于紫色土土层浅薄,下伏岩层限制了水分的存储和植物根系的生长。

水影响植物,植物反过来也在影响水分。植物本身作为 SPAC 水分循环的重要中间环节,对陆地和区域生态系统与大气间的水汽通量有重要影响。随着全球气候变化的加剧,降水改变将导致植物用水策略的适应性变化,而这种适应也势必影响水分运移,从而影响水汽通量进而影响局地水循环。有研究表明,紫色土萎蔫系数为 0.25(± 0.03) cm^3/cm^3,有效含水量仅为 0.07(± 0.02) cm^3/cm^3。而一般母岩孔隙比土壤的更小,有效含水量更低。尽管植物仍可能利用萎蔫点以下的土壤水,但量已经很少,补给植物十分有限,而且不同植物之间也存在差异,若水分补充根际缓慢,植物仍会凋萎。此外,紫色土层下伏的岩层会限制根系的生长,造成根区空间范围小,可利用的水源有限。因此,对浅薄紫色土上的植物来说,可利用水源的量和范围都受到了强烈限制,不仅影响了植物自身的生长,也因此降低了植物的生态水文功能。尽管该地区降雨充沛,但根区有效水库容小,一旦发生干旱,有效水很快耗尽,植物适应的水分条件受到限制。因此,水分限制仍可能是该地区生态退化的一个重要原因。此外,根区调蓄水分库容小,土壤入渗的大部分水以径流形式绕过根区无效损失,对水文过程"两极化"调节能力也低。

同一物种在不同的生境中倾向于利用不同来源的水分。同样,同一生境中的不同物种也往往又有不尽相同的水分利用方式,这使得它们可以很好的共生。研究表明,林地和草地能改善土壤性能,减少水土流失,退耕还林还草是目前我国防治水土流失、涵养水源、生态修复的一项重要生物措施。而农林生态复合系统是将原来的林地转化为农地,农林生态系统共存,兼具森林和农田系统的特点,具有良好的水土保持作用,是一种可持续发展的生态系统。刘刚才通过长期对林区和无林区两集水区的定位实验,发现农林系统具有较好的水土保持作用和蓄洪、防洪作用。但是,紫色土浅薄,农林生态系统是如何利用水分得以生长、演替的呢?面对极端气候事件如干旱又如何适应?

因此,揭示紫色土坡地径流过程、产流机制和不同植物的水分适应机制有助于深入认识农林复合生态系统乃至土壤—植物—大气系统的水分运动规律,从水分角度探明紫色土丘陵区生态退化机制,也可探寻扩大根区有效水库容的途径,增强植被生态水文功能和指导农业抗旱。在生态建设中,也可根据植物适应特点选择植物,优化当地植被空间配置、格局,一方面为建设高效农林复合生态系统和长江上游、三峡库区生态屏障,指导该区的保水保土工作提供理论依据;另一方面阐明不同植物对水分的适应机制对于预测未来气候和降水格局变化下植被结构和功能改变也有重要意义。研究内容也可以进一步揭示地面下植物—水分的相互作用机制,促进土壤物理学和生态水文学的发展。

因此,本书以四川盆地紫色土丘陵区为研究区,以浅薄土壤—植物—大气连续统一体为研究对象,利用土壤物理学、生态水文学和流域水文学等传统方法,包括径流小区长期定位监测和土壤水含量和径流量测定,结合稳定性氢氧同位素示踪技术,通过大量的野外样品采集分析与定点监测,对区域内发生的降雨、土壤水、实验小区坡地地表径流、壤中流和地下径流水文过程与稳定性氢氧同位素响应过程、氮迁移过程和植物水中的 δD 和 $\delta^{18}O$ 进行取样和测试,从水分平衡和来源的角度,揭示紫色土丘陵区坡地产流过程与特征,探索土壤水分补给过程、坡地水文路径和物质迁移规律,基于紫色土地区典型林地和坡耕地各潜在水源的氢氧同位素特征,明确不同典型植被类型[乔木(柏树)、灌木(黄荆)、草本(黄茅草)、作物(小麦、玉米)]的水分来源和水分吸收利用方式,研究结果可以为了解植物的水分利用机制、水分适应变化环境的策略,以及为植被恢复和管理、荒漠化防治、生态环境建设、农业可持续发展等方面提供理论依据。

1.2 国内外研究进展

1.2.1 坡地产流机制研究

坡地产流是下垫面对降雨的再分配过程。产流机制旨在揭示降雨产生径流的物理条件。各种因素综合作用下降雨在界面上的发展和再分布过程,是构成不同产流机制和形成不同径流成分的基本过程,是坡地产流的实质。目前,概括来讲产流机制主要有 3 种:超渗产流(infiltration-excess flow)、饱和产流(saturation-excess overland flow)以及两者混合的产流理论。早在 1933 年和 1935 年,Horton 提出了两个降雨产生径流受控于两个条件:降雨强度超过地面下渗能力;包气带土壤含水量超过其田间持水量,开始了人类对地面产流机制的研究。然而,霍顿产流理论只能解释均质包气带的产流机制,不能充分反映广泛存在着非均质包气带流域产流现象的全部内容。1963 年,Hewlett 等曾在实验中发现存在非饱和侧向壤中流。随后,20 世纪 70 年代,Dunne 对坡面径流现象、坡面流速等做了系统论述,描述了坡地径流形成过程以及各种现象,为坡地水文研究奠定了基础;Freeze 系统提出了坡地水文数学模型,该模型包括坡面漫流和壤中流两部分,把山地水文研究带到了一个新的高度,人们开始利用数学模型的方法研究坡地水文。

在世界各地诸多学者利用传统的水文学方法对不同植被覆盖、不同土壤类型的坡地水文特征做出了研究。Holden 通过对具有大量大孔隙的泥炭土坡地研究的结果表明,超渗产流是该地区的主要产流方式。Holden 和 Burt 在对该区域的继续研究中发现,acrotelm 层流、地下管流和大孔隙流也是该地区生态水文系统的重要组成部分,并认为地面覆盖、地形和优先流通道是径流产生的重要因素。Careys 和 Woo 对亚北极区的坡地径流研究表明,多孔有机层是径流的重要通道。上述研究表明,在不同立地和下垫面条件下的坡地产流机制存在差异。在相同或相似立地条件下不同坡位、不同季节和不同耕作方式下,坡地产流规律也不同。例如,Tanaka 等在日本东京西郊的一个森林小流域的研究发现不同坡位产流的机制并不一致,坡上部以超渗产流为主,中部以饱和壤中流为主,坡脚以回归流为主,90% 为地下径流。George 和 Conacher 对澳大利亚西南地区坡地的研究结果表明,不同季节存在着不同的产流机制,冬季为回归流、饱和流和壤中流,夏季为超渗流、集水排泄和饱和流,造成这种差异的原因是降水和前期土壤含水量不同。Withers 等研究了不同耕作模式下的径流,主要用于揭示土壤侵蚀和磷迁移的规律,发现不同耕作方式对坡地径流产生机制也有显著影响。除了传统的研究手段,数学模型的应用也加快了坡地水文的研究进展:Woolhiser 和 Liggett 将运动波模型引入坡面水流研究,开始了坡面径流的数字化、模型化研究。其模型方法自身具有优越性,经过后人的改善,如考虑土壤物理特征空间变异性,成为目前国际上研究坡面径流过程、流域水文过程等常用的一种方法。

　　土壤入渗能力对降雨产流机制影响很大。一般认为,土壤孔隙的数量和结构特性对入渗影响最大;土壤的质地越粗、容重越大,其渗透性越强。具有疏松结构的土壤压实后,渗透率可降至之前的 2%。Helalia 在对比不同土壤有效孔隙度与入渗关系的研究中认为,与土壤质地相比,土壤结构因子与稳渗率的相关性明显更大,呈现极显著水平。土层厚度是影响坡面水文过程的决定性因素之一,是影响土壤剖面降雨水分入渗、储存并重新分配的关键因子。Buttle 等总结了 Precambrian Shield 地区的研究成果后认为,土层厚度在产流机制类型以及各机制在流域产流过程中的相对重要性具有决定性作用,基于安大略湖森林小流域的观测结果,他再次强调土层厚度控制坡面产流的主导作用;Lin 和 Zhou 对 Shale Hills 小流域的系统研究表明,与厚土层相比,薄土层更容易产生优先流;在小区尺度上,Peters 等发现土层薄的坡面表现出高峰值的产流过程线,而土层厚的坡面表现出了滞后的产流响应。

　　上述研究表明,由于具体环境条件的不同,坡地产流机制存在着很大的不同,所以存在对具体地区坡地径流研究的必要性。由于森林涵养水分作用,森林生态系统是水文过程的重要研究方面,而多年冻土区因为其特殊的环境条件和受气候变化的影响,所以这两个区域成为坡地水文学研究的重点地区。人类活动的加剧、日益严重的水土流失与农田非点源问题,使得关于坡耕地的径流逐渐成为新的关注热点。采用基于模型的方法去解决坡地水文问题是现在研究的一个趋势,但目前仍需要更多的数据支撑一些物理机制的发现,才能使得具有物理基础的模型方法更加准确、可靠。

　　在国内,针对坡地水文学的研究也取得了丰硕的成果。从 20 世纪 50 年代起,国内学者对降雨径流关系开始了大量的研究。在关于坡地径流理论的研究中,芮孝芳利用前人的研究成果,对饱和地面径流、超渗地面径流、壤中流和地下径流产流机制进行了概括总结:任何一种径流成分都是在两种不同透水性介质的界面上产生的,而且上层介质的透水性必须好于下层介质的透水性。在坡地产流机制实验研究方法上,多采用人工模拟降雨控制的方式,对如土壤类型、坡度、植被覆盖、前期土壤含水量、雨型和不同耕作措施等影响坡地产流的因素进行了研究,取得了很多成果:沈冰等利用人工模拟降雨实验研究黄土高原坡面降雨产流过程发现,黄土高原暴雨产流过程的特点是产流初期,产流量的大小受降雨强度和初始含水率的影响,经过一段时间后,产流量的大小主要取决于降雨强度,得出了干燥黄绵土条件下,坡面产流过程的回归关系式,并进行了实例检验。陈洪松等通过综合各种研究结果和实验得出野外模拟降雨实验研究不同覆盖对坡地产流的影响:裸地因降雨易产生地表结皮,产流时间主要取决于降雨强度;荒草地由于植被覆盖度较高,产流时间主要取决于土壤初始含水量。袁建平等运用小型野外便携式人工模拟降雨装置研究不同因子对林地、农地、裸地对产流历时的影响研究发现:林地影响产流历时的主要因子为降雨强度和植被盖度;农地、裸地则为降雨强度、坡度和土壤初始含水率。陈伟在黑龙江省西部丘陵漫岗区对不同水土保持技术模式下的坡耕地地表径流研究表明,鼠洞、鼠洞+暗管、垄向区田、鼠洞+垄向区田、鼠洞+暗管+垄向区田5种不同水土保持技术模式的产流过程较降雨过程均有明显的滞后性,次降雨径流过程随雨强的变化而变化。不同水土保持技术模式的年径流与次径流的减流效果一致,其中以鼠洞+暗管+垄向区田的减流效果最好;基于运动波方程的模型并不适用于该地区的垄作坡耕地。

近些年来,国内学者大量引入国外所建立的坡地水文模型,通过修改参数来适应该地区的特征,取得了不错的效果。郝芳华等通过建立模型的方法研究 LUCC(土地利用覆盖变化)对径流的影响主要集中在对年径流量的影响,结果表明,森林的存在增加了径流量,减少了产沙量;草地也能减少产沙量;农业用地的增加将会增加产沙量;平水年土地利用变化对产流量影响最小,降雨量的增大能弱化下垫面对产流量的影响。左长清等利用一维运动波理论建立了自然降雨下红壤坡地产流模型,并应用实测资料对模型进行验证,计算值与实测值十分接近,证明该模型在所在区域是适用的。而在本书所研究的紫色土丘陵区,坡地水文过程对该地区水环境和水土流失具有重要影响,所以一些学者对该区域的坡地产流机制做了很多有益的探索和研究。刘刚才对紫色土丘陵坡耕地产流机制的研究表明,表面径流的产流方式主要是超渗产流,当土壤达到饱和状态后,有小部分回归流发生,但主要是超渗产流发生;壤中流主要是饱和产流,与降雨过程有明显的滞后,而且雨停后的壤中流产流历时与降雨特征无关,主要发生在耕作层且与雨强相关。Tang 等对野外径流小区天然降雨的研究发现,顺序流是紫色土坡耕地的土壤剖面内水分运动的主要方式,优先流存在较少,并认为强降雨增加潜流,耕作措施增加了对耕作层的限制,影响了水分运动。付智勇等通过小区尺度上的野外模拟降雨实验研究了紫色土坡耕地土层厚度的坡面产流机制,结果表明,浅土层小区的地表径流表现为饱和产流,而厚土层小区的地表径流表现为超渗产流;对于壤中流,土层厚度小区以基质流为主,薄土层小区则表现出明显的优先流特征,说明不同厚度紫色土坡面水文土壤学性质的差异是小区间水文过程不同的主要原因。

由此可见,国内对于坡地产流机制的研究最初集中在水资源比较缺乏的干旱与半干旱地区,尤其是水土流失严重的黄土高原地区。由于水环境安全问题和土壤流失现象在全国范围日渐严峻,对紫色土丘陵区、南方红壤区等湿润地区的坡地径流研究也逐渐增多。由于田间自然降雨产流过程的观测难度大,大部分研究是通过室内以及野外实验小区的人工模拟降雨进行的,与真实的自然条件存在差异,所得出的结论有可能不能准确地反映实际的自然规律。此外,由于早期同位素测定昂贵,在紫色土地区开展的相关坡地水文学研究还未广泛采用此项技术。引入国外使用的坡地水文模型在国内的有些地区可能适用性有限,建立适用于我国的创新模型较少。

1.2.2 氢氧同位素技术的发展及应用

1.2.2.1 稳定同位素技术简介

质子数相同、中子数不同的同一元素的不同核素互为同位素(isotope)。自然界中,环境同位素分为放射性同位素和稳定性同位素(stable isotope)。放射性同位素的原子核很不稳定,而稳定性同位素中则不发生或不易发生放射性衰变。氢的同位素分别为^1H、^2H、^3H,它们都有 1 个质子,但中子数分别为 0、1、2;氧的同位素分别为^{16}O、^{17}O、^{18}O,它们都有 8 个质子,但中子数分别为 8、9、10。它们之间可以组合成 9 种不同质量的水分子,不同质量的水分子具有不同的蒸气压。在蒸发过程中,轻的水分子比重的水分子更容易被蒸发;而在凝结过程中,重的水分子又比轻的水分子更容易凝结成水滴。因此,液相中^{18}O、$^2H(D)$重同位素富集,而气相中贫乏。同位素组分用 δ 值表示,δ 值能直接反映出样品同位素组成相对于标准样品(维也纳标准平均海水)变化的方向和程度。δ 值为负,表明样品中轻同位素含量比标准样品高;δ 值为 0,表明样品的同位素组成与标准样品相同。δ 值为正,表明样品中重同位素含量比标准样品高。同位素丰度即某一元素的某一同位素在诸同位素总原子数中的相对百分含量。表 1-1 为摘自 Dawson 文中关于氢氧同位素在水中的丰度。氢氧稳定同位素尽管在自然水体所占的比例较小,但却是非常重要的组成部分,它敏感地响应环境变化并记载水循环演化信息。

表 1-1　氢氧同位素在水中的丰度

元素名称	同位素	丰度百分比(%)
氢	^1H	99.984
	^2H	0.015 6
	^3H	$0 \sim 10^{-15}$
氧	^{16}O	99.759
	^{17}O	0.037
	^{18}O	0.204

稳定性同位素技术的研究和发展最初始于 20 世纪 30 年代中期的物理科学,由于其作为一种无辐射、非破坏性的示踪剂,可以用来揭示土壤水运动中的(如土壤水的蒸发、降水入渗和土壤水的迁移过程等)很多水文过程信息及确定植物水分来源等,为研究植物与生物和非生物环境的相互作用而服务,所以在 20 世纪 50 年代初,一些学者就开始在水文学及水文地质学中利用稳定性同位素技术进行研究,渐渐的稳定同位素技术在地质学、大气科学、环境科学和水科学等众多领域都有了很大的发展。

1.2.2.2 稳定性氢氧同位素的测定

1. 质谱法

质谱是按照物质粒子(原子、分子)质量的顺序排列的图谱。质谱法即用电场和磁场将运动的离子按它们的质荷比分离后进行检测的方法。质谱法可以确定试样的质量,也可以进行有效的分析,质谱法与色谱仪及计算机联用的方法,广泛应用在有机化学、石油化学、环境保护、农药测定等领域。质谱仪是基于电磁学原理设计而成的,是按照物质原子、分子或分子碎片的质量差异进行分离和检测物质组成的一类仪器。质谱仪不仅可以测定土壤和植株等固体物质中的 TN、TC,也可以对 N、C、S 的稳定同位素比值进行分析。但相对昂贵的价格和操作技术的要求限制了质谱仪的广泛应用。

2. 激光法

激光法是一种基于激光束对同位素原子或含同位素的化合物分子的选择性激发来分离同位素的方法。由于受激同位素原子或分子在理化性质上与基态原子或分子差别较大,因此采用适当的理化方法就可以使它们分离,从而获得富集的同位素。液态水同位素分析仪是通过高分辨率的激光吸收光谱进行测量的,适用于水文分析、生物科学等多种淡水和海水的测量研究工作,可以测量液态水样品中 $^{18}O/^{16}O$ 与 D/H 的比值,精度极高,价格相对便宜,而且全自动进样器可以连续进行液态水同位素的测量,操作简便,不需要人工长时间守候工作。

1.2.3 各种水体中氢氧同位素研究

1.2.3.1 降水中的稳定性氢氧同位素研究

1961 年,Craig 通过分析全球范围内河流、湖泊和降水共 400 多个氢氧同位素,建立了 δD 和 $\delta^{18}O$ 的关系曲线,即全球大气降水线方程(global meteoric water line,GMWL):$\delta D = 8\delta^{18}O + 10‰SMOW$,并发现同位素的贫化与寒冷地区同位素的富集与温暖地区的关系,开启了氢氧同位素在水循环中的研究。由于数据的积累,全球大气降水线方程不断地被修正,如 Rozanski 等根据 1961 年以来来自全球降水的 $\delta^{18}O$ 数据,利用回归分析得到更为准确的全球大气降水线方程:$\delta D = (8.13 \pm 0.06)\delta^{18}O + (10.35 \pm 0.65)‰SMOW$,与 Craig 所建立的方程相差不大,所以 Craig 所建立的全球大气降水方程至今仍在使用。相应的,由于不同地区降水过程同位素分馏不同,各个地区都存在本地区的区域大气降水线方程(local meteoric water line,简称 LMWL),而且往往偏离全球降水线,如有关学者在尼泊尔、美国中北部地区、意大利等地建立了区域降水线方程。1964 年,Dansgaard 提出了氘盈余(d excesss:$d = \delta D - 8\delta^{18}O$)的定义,表示蒸发过程的不平衡程度受降水形成区温度与湿度的影响,利用氘盈余可以示踪降雨的水汽来源。Petit 等利用氘盈余的方法确定出南极洲降雪的水汽来源于南纬 30°~40° 的中纬度地区。而 Lee 等通过比较降水与地下水中的 d 值,得出济州岛 67% 的地下水来自雨季降水,33% 的地下水来自旱季降水。研究表明,降水中的稳定性氢氧同位素存在着温度效应、纬度效应、大陆效应、降雨量效应和高程效应。Lawrence 和 White 的研究表明,降水同位素的温度效应在高纬度大陆地区较为显著;而雨量效应在低纬度地区较为明显。利用大气降水的稳定同位素 $\delta^{18}O$ 和 δD 随着降水高度高程的增大而减小的高程效应,Marcé 计算出法国埃维恩(Evian)地区泉水的补给区位于细粒冰渍层出露的高平原地段。

随着同位素分析仪尤其是液态水激光同位素仪器的普及,分析测试变得相对方便、容易,国内关于降水稳定性氢氧同位素的研究日益增多。首先是适用于我国以及各部分地区大气降水线的建立。郑淑蕙等利用分布在全国 8 个实验站点的定点监测,得到我国的大气降水线方程:$\delta D = 7.9\delta^{18}O + 8.2$,斜率和截距与全球大气降水线方程相类似。由于我国地域广阔,各地区气候差异显著,区域大气降水线方程存在明显不同。柳鉴容等根据自然条件的不同将中国分为东部季风区和西北地区两大部分,并分别建立东部季风区大气降水线方程($\delta D = 7.46\delta^{18}O + 0.90$)、西北地区大气降水线方程($\delta D = 7.05\delta^{18}O - 2.17$),并利用降水中$\delta^{18}O$的空间分布估算出东部季风区三条主要水汽通道(西南水汽通道、南海水汽通道、东南水汽通道)所占的比例;揭示了西北地区降水水汽的分馏主要以动力分馏为主,雨滴在降落过程中历经了一定的二次蒸发过程,降水水汽中也混入一定量的由局地再蒸发的水汽。很多学者对全国尺度以及特殊地区影响降雨同位素效应、降雨水汽来源的因素进行了研究。降雨同位素温度效应是指随温度升高 δ 值升高,缘于降水云团的冷凝温度和雨水的 δ 值有直接关系,而地面气温在一定程度上与冷凝温度有对应关系。降雨量效应是指雨水的 δ 值和月平均降水量呈负相关关系。在受东南季风影响的中国大部分地区,由于水热同步,降雨量效应遮盖了温度效应,所以出现了随温度升高 δ 值降低的现象。章新平和姚檀栋通过计算全国范围内的实测数据得出我国降水中$\delta^{18}O$南部地区以及西北地区较高而东北和青藏高原南部较低的特征,并发现温度效应主要出现在中高纬度,越向大陆内部,$\delta^{18}O$ 与温度之间的正相关关系越密切;在中低纬度地区和青藏高原南部,负温度效应显著;降水量效应主要出现在明显受季风气候影响的东南沿海、云贵高原以及青藏高原南部地区。除了全国尺度降雨同位素的研究,更多关于降雨同位素的研究集中在水资源缺乏的西北干旱区和对全球气候影响较大的青藏高原区。李晖等对处亚欧大陆腹的乌鲁木齐降水中氢氧同位素计算得出,盛夏时的 d 值相对较高,这是在干旱条件下的水汽内陆循环所导致 d 独特的季节变化,该地区降水存在着显著的温度效应,降水 δ 值与月平均气温均呈显著的正相关关系。田立德等发现青藏高原南部降水中$\delta^{18}O$ 和 d 都为低值,而北部地区都为高值,这是由于南部降水受西南季风降水影响,而且降水的水汽直接来源于海洋的蒸发;通过比较分析冰芯中的$\delta^{18}O$ 发现,北部冰芯中$\delta^{18}O$ 反映了气温的变化,而青藏高原南部季风的强弱变化与降水中稳定同位素存在反相关关系。在季节变化、年际变化尺度上,这种关系存在于降水及冰芯记录中,可以利用冰芯中的稳定同位素记录了解古气候。

国内外学者对于降水中的氢氧同位素研究主要集中于其本身特征的探索,以及应用其规律所开展关于区域全球气候、区域水分来源、地下水补给等水循环规律的研究。虽然在我国很多区域都开展了降雨同位素的研究工作,但国内由于所布设的降雨同位素基础站点较少或基站的建成时间较短,所收集到的基础数据有限,使降雨氢氧同位素的研究工作不够系统,也对氢氧同位素应用于各地区水循环的研究造成了一定影响。

1.2.3.2　氢氧同位素在土壤水分运动中的应用研究

降雨入渗过程是降雨转化为土壤水的过程,是水循环的主要组成部分。入渗效率即降雨转化为土壤水的效率,对以雨养农业为主的地区具有重要意义,所以入渗过程对水文学、农业水土工程、耕作学和土壤学等多个学科的研究都具有重要意义。在利用传统方法对入渗的研究中发现,入渗过程主要受土壤质地、土壤初始含水量、地表结皮、降雨因素、下垫面因素等的影响。由于发生于土壤中的入渗过程难以被观测,传统方法一般把土体看作"黑箱",通过输入与输出水文变化对入渗过程做研究,时间延迟反射仪(TDR)、中子仪等可以观测到土壤中的水分变化,但不能够探明具体水分运动路径、降雨与土壤水的相互作用,而利用氢氧同位素的方面却可以得到这些信息。土壤剖面不同深度土壤水氢氧同位素丰度能反映土壤水文过程信息,包括入渗、蒸发、散发和渗透。室内控制实验可以更好地展现出土壤剖面氢氧同位素变化特征。Zimmermann 等通过饱和均匀沙质土柱的实验发现,在土壤恒温稳态蒸发条件下土壤水中 D 值丰度在土壤表面最大,并随土壤剖面深度而减小。很多学者利用氢氧同位素在不同地区展开了入渗机制以及地下水补给途径的研究。Gazis 和 Feng 等通过定点观测美国汉诺威地区(Hanover)附近 6 个土壤剖面土壤水 $\delta^{18}O$ 发现,浅层入渗的主要形式为活塞流;深层土壤水在土体中存在四五个月或者更久的时间,大部分通过融雪或暴雨补给,但也存在小雨通过优先流补给的现象。Gehrels 等在对荷兰中部地区的砂质土壤剖面研究中发现,随土壤剖面 $\delta^{18}O$ 浓度的周期性变化所记录的降水中,$\delta^{18}O$ 季节性变化可达 6 m 的深度,说明该地区的地下水补给主要通过优先流的方式。Mathieu 和 Bariac 在非洲西部 Barogo 流域比较土壤水与降水中的稳定同位素得到该地区地下水的补给方式:70% 的地下水来自于较快的大孔隙优先流补给,剩余的来自于土壤入渗的基质流;并总结归纳出在降水入渗过程中经过土壤微孔隙、中孔隙和大孔隙中三种同位素特征:经过大孔隙的入渗水流更接近降水,由于蒸发作用随孔隙的变小所经过的水流同位素越富集。在不同地区由于土壤类型、土壤孔隙状况的不同,入渗方式存在较大的差异,而在同一地区不同季节入渗方式也不同:Brooks 等通过实验得出雨季初期与雨季中存在着两种不同的入渗模式:雨季初期降水入渗时浅层土壤锁住水分,下层土壤吸收剩余的水分,即吸附流;而雨季时入渗水受水压作用逐渐向下补给,即活塞流。并认为植物利用的土壤水与参加地下水、地表水转化的土壤水是不同的,植物所利用的土壤水来自于雨季初期的降雨补给。

　　由于稳定性氢氧同位素在研究土壤入渗过程具有优越性,国内学者利用同位素技术对降雨入渗规律进行了大量的研究。田立德等在对青藏高原中部土壤水中稳定同位素变化的规律研究中发现,土壤水中 $\delta^{18}O$ 受降水中 $\delta^{18}O$ 的影响沿土壤剖面由上向下逐渐减小,造成这种现象的原因是地下水对下层土壤的补给作用以及降水入渗过程中新降水并没有完全替代土壤中原有的水分。降雨与土壤水在入渗过程的相互作用规律,是传统技术手段难以达到的。不同质地的土壤会造成不同的入渗方式:王仕琴等通过分析华北地区不同质地土壤水同位素剖面得出结论,在土壤质地非均质条件下,降水在入渗过程中具有很强的混合作用,土壤水以活塞流向下运动的同时可能存在优先流;而在土壤均质条件下,土壤水主要以活塞流的方式向下运动,原先的土壤水逐渐被降水代替;该地区通过入渗补给地下水的过程中存在着强烈的蒸发。不同植物覆盖下的降雨入渗过程也存在差异:田日昌等在湘西北红壤丘陵区通过观测土壤剖面 δD 值最大峰值的移动,比较油茶林和玉米地这两种不同植被覆盖下的入渗速率,结果表明,油茶林水分入渗表现为大雨后 $2 \sim 3$ d 入渗明显,50 cm 常成为阻隔层;而玉米地通透性差,入渗率较低。室内控制实验也是必不可少的,可以得出一些降雨入渗以及降雨与土壤水相互作用的一般规律。包为民等利用室内的土柱实验模拟降水入渗过程得出,土壤水同位素变化主要由降雨同位素与土壤水同位素混合作用引起,并通过曲线拟合降雨入渗实验中出流同位素组成随时间变化的函数关系,确定其传递函数为指数—活塞流模型分布。王涛等通过室内控制实验进一步确定了土壤水与输入水同位素达到同位素平衡的时间,为 0.5 ~ 1 h;土壤对水分子中同位素存在吸附交换作用,但在低温环境及较短时间尺度内难以被观测到。

　　土壤水是联系地质水循环与生物水循环的重要纽带,受到不同学科学者的广泛关注,但由于土壤是一个非均质、多相、分散和多孔的复杂系统,加上土壤水难以采集、在土壤中的水分运动难以被观测,对于土壤水文过程的研究受到了很多的限制。氢氧同位素在土壤水中的应用,不仅让人们更好地了解了土壤水运动特征(如入渗过程、土壤水分再分布等),而且有助于人们确定水分循环过程(如降水补给地下水的路径、植物用水等)。

1.2.3.3　河水中氢氧稳定同位素的应用研究

　　国外对河水中氢氧稳定同位素的研究较为成熟。一部分研究者的工作集中在河水氢氧同位素的空间分布特征上,另一部分研究者研究河水和湖水、地下水的交换比例和影响程度。

　　目前,我国已对长江流域、黄河流域、珠江流域、海河流域、黑河流域及其一些小流域进行了氢氧稳定同位素的组成研究。孙婷婷研究了长江上中下游共 41 个断面的数据发现,随着采样点距河源距离的增加,径流稳定同位素逐渐富集,反映了蒸发对其组成的影响,她还发现汛期前,河水 $\delta^{18}O$ 值较高,汛期来临时,河水 $\delta^{18}O$ 值接近降水 $\delta^{18}O$ 值。李小飞等根据 GNIP、CHNIP 及一些大型科学实验站点所得数据,分析出黄河流域的氢氧稳定同位素具有不同的时空变化特征:从时间角度来看,流域上游 $\delta^{18}O$ 值夏季富集,冬季贫化,中下游则相反;从空间角度来说,流域上游至下游 $\delta^{18}O$ 值呈减小趋势,但波动较大,且存在极值区。

1.2.3.4　地下水中氢氧稳定同位素的应用研究

　　20 世纪 70 年代开始,对稳定同位素技术在地下水起源、年龄和运移及地下水含水层特征等方面展开了大量研究,也可用于地下水污染源的追踪,因此稳定同位素技术成为地下水水文学研究的重要手段之一。Blavoux 和 Olive 以韦尔苏瓦为研究区,研究出了地下水在含水层中的滞留时间。

　　在我国,利用稳定性氢氧同位素技术对地下水水文过程开展了很多工作,蔡明刚等通过开展地下水来源、运移的同位素示踪研究实验,发现厦门南岸地下水氢氧稳定同位素值呈现出由陆地到海洋逐渐递增的空间分布特征。王仕琴等基于氢氧稳定同位素对华北平原地下水浅埋区的研究中发现,在土壤为非均质的条件下,降水入渗补给过程中伴随着水分蒸发、植被蒸腾作用以及土壤前期水分的强烈混合。土壤在均质条件下降水自上而下均匀入渗且速度较快,并经过强烈的蒸发浓缩作用补给地下水。陈建生等用同位素技术并结合地下水温度、电导率、水化学成分研究了黑河下游的额济纳盆地地下水的补给,揭示了额济纳盆地地下水除黑河补给外,浅层地下水是由深层地下水补给的。因为地下水水文过程中要确定地下水的年轮、补给速率等问题,因此地下水的同位素技术常常是结合碳同位素、氚等放射性同位素研究。

1.2.3.5 雾水中氢氧稳定同位素的研究进展

雾是在水汽充足、微风及大气稳定的情况下,当相对湿度达到100%时,空气中的水汽遇到凝结核凝结成微小水滴悬浮于空中,使地面水平能见度下降的一种天气现象,按照成因可分为平流雾、地形雾、辐射雾、混合雾等。雾水又称作"水平降水(horizontal precipitation)"或"隐性降水(occult precipitation)",它是当雾团与植物体表面接触时枝叶截获较小雾滴然后逐渐合并成大水滴,当水滴超过植被冠层的储水能力或者承受水滴重量能力的时候形成的一种降水。雾水相较于降雨、地下水等水分输入形式来说,常规手段难以测量。

尽管雾水的稳定同位素分析已经有50多年的历史,但由于雾水的测定比较困难,所以相关研究较少,但稳定同位素技术无疑为定量评价其生态水文效应提供了有效手段。目前关于这方面的研究主要集中在美国加利福尼亚、智利、波多黎各、哥斯达黎加等少数地区。Aravena等首次利用稳定同位素技术将智利北部山区植物的水分补给来源(雨水、雾水、地下水、植物叶片水)的同位素组成进行了比较,发现叶片水的同位素组成与雾水类似,得出了"浓湿雾"维持着植物生长的结论。Dawson等通过研究发现,红杉林可以利用树木冠层截留滴落到土壤中的雾水,尤其在降水较少的年份或季节,对于雾水的利用比例更大。Corbin等在加利福尼亚北部临海的草原对多年生草本植物的研究中也发现草本植物体内28%~66%的水分来源于雾水。由此可见,雾水对于海岸区域或者常年被雾笼罩地区的生态系统、热带云雾林和热带草原中的植物、地表径流都是一种很重要的水分来源。而如果在研究当中只考虑根系对渗入到土壤中雾水的利用,而没有考虑植物是否通过叶片直接从雾气中吸收水分,会导致评价结果相对保守。

1.2.3.6 氢氧同位素应用于径流分割研究

关于径流分割的研究有图形法、时间步长法、电子滤波法、水文模型法、水量平衡法等多种方法。其中,图形法主观性较强,需要有经验的专家完成,个体间对同一径流过程分割的差异较大,并且计算烦琐,不便于大量计算;HYSEP程序、电子滤波法等虽采用模仿人工分割流量过程线的数学方法,避免了人工方法的主观性,但缺乏严格的物理意义,可能造成与真实情况不相符。在不同地区应用水文模型法和水量平衡法的模型时,需要对模型的参数进行重新率定,相对复杂,而且这种方法普遍适用性无法保证。各种径流分割和水源划分的理论和方法之间存在较大的争论。利用氢氧同位素径流分割的方法能够很好地反映水文过程中的物理意义,并且能够量化水分来源,是一种快速、有效的分割径流的方法,被广泛应用。由于不同的蒸发、凝结等作用,不同水体间存在着天然的氢氧同位素差异,但其各水分来源的质量是守恒的,可以利用这种差异来进行水源的分割。一般认为,地表径流来源于当次降水,而利用同位素技术却发现"新水"即降雨并不是径流的唯一组成,"旧水"如土壤水和地下水是径流的重要组成部分,在某些地区甚至占主导地位。Buttle等利用$\delta^{18}O$作为示踪剂建立二水源过程线分割模型得出,在位于加拿大安大略省的一个盆地内,春季降水径流的径流峰值中当次降水的贡献为55%~63%,融雪的贡献为48%~58%。Pearce等在新西兰西北部的森林流域通过$\delta^{18}O$示踪方法发现,降水只占径流组成的3%,土壤水与地下水占据主导地位,并对如优先流式的快速地表径流的产流方式提出质疑。在二水源过程线分割模型中习惯把地下水与土壤水一并看作"旧水",忽略了土壤水作为水源的重要性。为了解释阿帕拉契亚高原森林流域河水中氧化铝污染的原因,Dewalle 等利用 $\delta^{18}O$ 作为示踪剂的三水源过程线分割模型得出,在该地区当次降水对径流的贡献率只有 0.9%,土壤水为 24.1%,地下水为 75%。为了适应更多复杂的水文过程二水源分割模型向多水源分割模型演变,在特殊地区学者引入了更多的示踪剂,建立了多水源过程线分割模型,如 Lee 等为分割印第安纳中南部特有的喀斯特地形地区降雨、土壤水、喀斯特水和地下水对径流贡献,用水化学离子 HCO_3^- 和 C 同位素作示踪剂建立四水源过程线分割模型得出,喀斯特水在径流中所占比例达 52.3%,是径流的主要水源,不能被忽视。虽然被广泛应用,但利用氢氧同位素做示踪剂的水源分割模型建立在 5 个基本假定之上:①基流和地下水以均一的同位素含量表征;②降雨或融雪水也以均一的同位素含量表征或其变化为已知;③当本次降水与基流或地下水之间有明显的同位素差异;④土壤水对流量过程线的贡献可忽略,或者其同位素组成与地下水相同;⑤地表储蓄量对流量过程线的贡献可忽略。但这些假设在很多实际情况下难以保证。应用于流域尺度较多的同位素水源分割技术,由于土壤水源、降雨氢氧同位素存在较大的空间变异性,对水源分割结果的准确性造成影响,因此饱受质疑。此外,对径流水源的研究大部分集中在地表径流,而壤中流的水分来源研究相对较少。Wels 等分别用氧化镁与二氧化硅相结合的水化学指标和环境同位素作示踪剂计算壤中流对河水的贡献时得到了不同的结果,水化学指标划分的结果表明在春季径流中有大于 90% 的水来自壤中流,而氢氧同位素的结果是约 72% 的贡献率。采用水化学与同位素方法示踪水源虽然得到了不同的结果,但都认为壤中流是径流的重要水源。有的学者在壤中流水源的研究中得出了有意思的结论,Marc 在壤中流为主要径流方式的地中海山区小流域研究中发现,每次降水对径流的贡献率并不相同,在所研究的三次降水径流事件中,降水在径流中所占的比例分别为 100%、20% 和 30%,认为土壤水并不参与壤中流的形成,壤中流只是雨水的混合。那么,雨水是如何绕过土壤水形成壤中流的呢? 在紫色土丘陵区也会是同样的结果吗?

运用氢氧同位素对于不同区域、不同尺度的径流水源示踪大的结果存在着很大的差异,说明水文过程的空间异质性和此项研究在不同地区开展的必要性。而造成这种结果的原因也可能是同位素示踪技术本身的局限性,在流域尺度内降水以及地下水、土壤水存在明显的时空差异性,基于这种技术的部分基本假定显然是不成立的,而用其他示踪剂所得到不同的结果也产生了对这种方法的质疑。

国内学者从 20 世纪 80 年代起开始了对同位素径流分割的研究。顾慰祖在 Sklash 关于利用同位素进行径流分割的 5 个基本假定上又做了补充:①地面径流的同位素丰度必需与当次降水的丰度相同;②对各种水源在汇集过程中的同位素分馏影响忽略不计;③基于经典的简化产流机制,并通过实验验证这些基本假定的合理性,在此基础上提出了运用同位素划分方法的 4 个必要条件:①对 n 种径流成分需使用相互独立的 $n-1$ 种环境同位素或配合使用守恒性水化学离子,并有足够的分析精度;②具有降雨(或融雪)过程中所用于划分氢氧同位素的时程和空间分布,并考虑相应的产流面积;③具有一定代表性的地面径流、非饱和带和饱和带的同位素(或水化学离子)浓度过程,或由专门实验获取,或取相应有效的简化方法;④当流域内水面面积或水田面积较大及蒸发率较高时,有必要的同位素分馏校正。只有满足这些条件才能保障同位素分割水源方法的准确性。这些研究完善了同位素分割径流方法的合理性。国内关于降水径流的研究多集中于地表径流。冀春雷通过比较降水与不同植被覆盖下地表径流中氢氧同位素值得出结论,在川西高山森林受降水的直接影响很小,说明在该地区森林对地表径流(溪水)具有明显的调控作用。王宁练等应用二分量模型得出,海拔 3 600 m 以上的高山冰雪冻土带是黑河山区流域地表径流的主要来源地,贡献率达 80.2%,这也是造成该地区明显地高于我国西北干旱内流区的平均径流系数值的原因。除对径流水源的研究外,同位素技术越来越多地应用于产流机制的研究。根据在滁州水文站的监测数据,顾慰祖利用 $\delta^{18}O$ 识别出分别属于地面径流和地面下径流的共 11 种产流方式,并认为降雨—径流中有相当部分是非当次降水所构成的。由于壤中流对于农业非点源污染和泥石流、滑坡研究具有重要意义,近年来对于壤中流特征的研究也日益增多。谢小立等通过测定土壤水势与同位素示踪技术相结合的方法对红壤坡地壤中流的机制进行了研究,认为在红壤地区,形成相对饱和层是壤中流发生的条件之一;壤中流主要来自驱替土壤中原有的深层土壤水分,随后由降水入渗补给该层土壤水分,降水在浅层壤中流初期中所占的比例极少。郭晓军等在泥石流多发区蒋家沟流域研究壤中流机制时也发现了与谢小立相类似的结论:在壤中流产流初期,前期土壤水占较大比例,含量达到 86.46%,随着降雨时间的持续,土壤水在壤中流中所占比例逐渐减少;在所研究的降雨事件中土壤水对壤中流的贡献率可达 85.63%,壤中流产流是活塞流的形式。

虽然国内关于同位素径流分割的研究起步较晚,但近些年来发展迅速,在全国很多地区都开展了同位素径流分割的工作,并在水文研究甚至是对同位素技术的完善中取得了很多成果。

1.2.3.7　氢氧同位素技术在坡地水文学的应用

通过前面的文献可以看出,流域作为基本的生态单位,应用稳定性氢氧同位素技术对水文过程的研究多集中于流域尺度。作为流域水文的重要组成部分和模型的基本单元,坡地径流过程由于其对水土流失、农业非点源污染以及土壤水再分布的重要意义,越来越多地受到学者的重视。同时在坡地尺度上,降雨和土壤水源氢氧同位素的空间异质性更小,同位素技术能够更准确地量化水源。

目前,同位素技术应用于坡地尺度的研究逐渐增多,多集中于坡地产流机制。Klaus 等利用溴离子与 $\delta^{18}O$ 作示踪剂对坡地尺度灌溉产流的实验得出,大孔隙流是径流的主要形式,其主要水源包括"新水"与"旧水"两部分。"旧水"进入大孔隙流的途径有两种:一是地表土壤水与"新水"的混合;二是径流经过优先通道时与周围的土壤水相互作用。Klaus 解释了为什么优先流中会快速出现"旧水"。在不同条件下坡地产流机制可能存在不同,Dahlke 等对位于纽约州 0.5 hm² 坡地的研究表明,在前期土壤含水量高和强降雨条件下,土壤剖面 0~10 cm 内深度的近地表流对河水的贡献较大,而前期土壤含水量低和降雨强度小的情况下,降雨入渗到更深的土壤层产生径流。单一分析氢氧同位素来解释水文过程,并不具有普遍的推广价值,Vogel 等利用双连续方法数学模式与分析 $\delta^{18}O$ 相结合的方法得出,所研究坡地每年降雨的 24% 通过地面下大孔隙流输出。国内也有学者应用同位素技术对坡地产流机制进行了研究:孟薇在对红壤坡地壤中流的研究中认为,该地区浅层(0~40 cm)壤中流水源仅有 0.05% 来自降雨;而深层(40~110 cm)壤中流全部来自"旧水",且部分来自于驱替而出的上方来水。更多方法、模型等结合氢氧同位素技术应用于坡面水文过程的研究,将会推动整个坡地水文学的发展。

1.2.4　植物的水分来源研究

1.2.4.1　稳定同位素在研究植物水分利用方面的研究原理

水分子的热力学性质与其组成氢氧原子的质量有关,因此水在时空转化的过程中会产生同位素的分馏,由于水分子蒸气压与质量成反比,因此水蒸气富集 H 和 ^{16}O,残余水富集 D 和 ^{18}O。降水是水循环中非常重要的环节,而植物的光合作用离不开水,植物体中的氢氧元素主要来自水,尤其是氢几乎全部来源于水。植物所能利用的水分主要来源于降水、土壤水、径流和地下水,但初始水源均为降水,但由于物理过程、集水盆地的大小和海拔、地下蓄水层的深度和地质特征、土壤亚表层水分的溶解性和水分运动速度等存在差异,不同来源的水分具有不同的氢氧同位素特征值。除此之外,植物在吸收、运输和蒸腾水分时,其氢氧稳定同位素也会呈现出不同的变化。但是,水分被植物根系吸收后,从根向叶沿木质部向上运输是以液流方式进行的,不存在汽化,因而在这一过程中并不发生氢氧同位素的分馏。因此,除了排盐中,木质部中氢氧同位素值未因蒸发或新陈代谢导致的分馏被认为可以反映植物的水分来源。这一发现为应用氢氧稳定同位素技术在研究植物水分来源方面奠定了基础。植物木质部水分的氢氧同位素组成是各种来源水分氢氧同位素组成的混合值,据此可以利用植物木质部水分的氢氧同位素组成和潜在土壤水分氢氧同位素组成的差异来获取植物水分来源的信息。但最近也有一些研究表明,植物吸水、传输过程不发生同位素分馏这个事实也在受到质疑:Zhao 等发现胡杨的枝条水分与木质部的水分氘同位素信息就不一致。

1.2.4.2　植物水中氢氧稳定同位素的研究进展

国外生态学、水文学领域在 20 世纪 60 年代就将稳定同位素技术应用于植物水分来源的确定,开始时间较早,方法也渐趋成熟。植物水分来源的研究主要集中在荒漠生态系统、河岸生态系统、海岸生态系统、森林生态系统等。植物会根据可利用的水源条件、自身生理过程和水文过程变化等利用不同水源或调整比例来适应环境。通过对比植物木质部或根部水样与潜在水源氢氧同位素含量关系,参考土壤含水量、水势、地下水位等数据,可以推测植物的主要水源,利用线性混合模型或 Isosource 模型可计算植物对各水源的利用比例。稳定性氢氧同位素测定技术的应用使得研究人员在植物水分来源和利用的研究上取得了一些新的认识和发现。乔木更倾向于利用稳定的深层土壤水或地下水,而灌木则利用较深层或浅层的土壤水源,草本、作物等由于根系长度只能利用表层或浅层的土壤水。1985 年,White 等利用同位素 δD 值分析了美国东北部白松对土壤深、浅层水分的利用情况,发现在地下水埋藏相对较深的地区,白松倾向于利用雨水,干旱的夏季利用率可达 20%,湿润的夏季利用率甚至为 32%;而在地下水埋藏相对较浅的地区,白松对雨水的利用则变为 10% 和 16%。Sternberg 等在佛罗里达州南部的研究中发现,热带和亚热带硬木植物种类(Coccoloba Bursera、Eugenia、Ficus、Psychotria 等)主要利用淡水(降水),耐盐植物种类几乎全部利用海水,极少种类植物(如红树林)对海水和淡水两种水分都有所利用。Thorburn 等研究了生长于河流边的赤桉的水分利用,结果表明,河漫滩上的赤桉随着表层土壤水分的减少,增大利用地下水的比例,升高了 23%,当季节性河流有水时,赤桉就开始利用河水,利用率甚至可高达 30%;同时还指出,不管是季节性河流边的桉树还是常流河边的桉树,其主要水分来源都会随着径流的改变而做出适当的调整。Smith 等研究发现河岸树木在夏季最大蒸发量时由主要利用土壤水变为更多地依靠地下水。

近年来,我国对于利用稳定性同位素研究植物水分来源的关注和研究也日益增多,一部分研究人员针对国内外相关研究的工作进展撰写了描述性和总结性的综述文章,对后来的研究者起到了借鉴和参考的作用。一些有创新性的研究论文也逐渐多了起来:褚建民对民勤和额济纳旗几种荒漠植物的水分来源研究表明,白刺的主要水分来源是浅层土壤水,梭梭的主要水分来源是深层土壤水,胡杨的主要水分来源是深层土壤水和地下水。李鹏菊等研究了西双版纳石灰山热带季节性湿润林植物的水分来源,发现植物主要通过自身发达的根系吸收利用深层土壤水和地下水。刘丽颖等对共和盆地不同林龄中间锦鸡儿枝条木质部和土壤各层水分的氢氧同位素值的对比研究中发现中间锦鸡儿主要利用 10 ~ 50 cm 土壤水。

近年来,国内外研究人员对植物的水分适应机制开展了大量研究,通过研究植物对水源选择的变化结合环境水文条件、生理响应来揭示植物对其环境的水分适应机制是生态水文学的重要方面。一些植物会将深层土壤水或地下水抽取上来补给到浅层土壤,增加了浅根系植物的水源;植物根系也会将浅层土壤水分转运到深层,供深根系植物利用,表现为根系对土壤水分的再分配作用。

此外,植物可以通过改变自身水分生理过程适应变化的水分条件。一些植物面对干旱可以对其水分蒸腾过程进行调控,关闭部分气孔以避免水分的丢失,降低水分消耗。改道河流边的幼树会通过降低气孔导度和水势来适应缺水的环境,有的植物通过降低叶片气孔导度提高水分利用效率或通过提前落叶应对干旱。根据叶水势变化结合同位素特征,Schwinning 研究了喀斯特草原上两种常绿植物的水分适应方式,发现在暖季两种植物都是利用土岩界面中的水。Stahl 等发现黎明前叶水势与植物利用水分的深度成反比关系,热带雨林树木对水源的选择有很强的适应性。此外,剖面根系的分布特征决定了植物可选水源的范围,长期以来用于研究植物—水分之间的关系,结合氢氧同位素数据能更准确地反映不同植物的水分适应方式。通过测定植物水分生理生态指标如光合速率、蒸腾速率、气孔导度、叶水势等水分生理因子能够进一步揭示植物对环境的水分适应机制。

1.2.4.3 浅薄土区植物水分研究

世界上很多地区都存在土层浅薄的问题。下伏的岩层往往限制了根系的生长和水分的运动,土壤储水库容有限,因此水分是浅薄土区植物生长的限制性因子,使得植物生态系统更易受到水文变化的影响。目前,研究土层浅薄地区植物水分来源主要有以下 4 种方法:①分析植物根系生长和分布特征来判断水分来源,优点是可以确定植物可利用的和不可利用的水源,缺点是全根系挖掘、破坏性大,且只能粗略判断植物吸水深度,也无法分析植物水分来源的季节变化,且费时费力,此外根系分布到的地方也不一定意味着植物一定利用该处水分;②根据地表以下各层次水分含量变化,水分减少表明植物吸收该层水分,此种方法只适用于基岩整体风化的地区;③根据植物体水分指标判断,该方法不受下垫面及地下条件的限制,但很难精确分析植物的水分来源;④利用稳定性同位素技术分析植物水分来源时有稳定碳同位素技术和氢氧稳定同位素技术,但稳定碳同位素技术必须与降水、地下水和土壤水分等水文要素的动态监测相结合,才能进行定性推断,但依旧无法提供直接证据;植物根系吸收水分,然后向叶片输送,在这一过程中,水中氢氧稳定同位素值一般不发生改变,由此可将植物体内水的氢氧稳定同位素值视为各水源的氢氧稳定同位素值按吸收比例混合的结果。因此,只要各潜在水源之间的稳定同位素组成具有大于实验误差的差异,则被认为可以反映植物的水分来源,所以氢氧稳定同位素技术以较高的灵敏度与准确性为定量研究植物水分来源、水分利用格局等提供了新的技术手段。

有研究表明,浅薄土层下风化基岩的水分是植物维持生存的重要水源。Rong 等发现浅薄土壤下的风化基岩层中的水分是喀斯特地区乔木和灌木依赖的重要水源,常绿灌木相比落叶乔木吸取了更多基岩中的水分来抵御干旱。这个结果与 Hubbert 等的结论不同,他们认为基岩中的水分对松树较常绿灌木而言更为重要。Zwieniecki 和 Newton 却持相反观点,认为松柏植物利用基岩水的能力非常有限。Rose 等也发现部分植物始终以利用浅层土壤水为主,很少利用浅薄土层下风化基岩层的水分。可见,大家对浅薄土层植物水分的适应机制还没有一致结论。此外,浅薄土壤上的植物水分来源及适应机制研究主要集中在深根系植物,缺少对浅根系植物如草本或者作物的研究。浅根系植物水分适应机制应不同于深根系植物,易受到水分变化的影响,关系到生态系统功能和农业生产。因此,浅根系植物对浅薄土壤的水分适应机制的研究同样不应忽视。

地面下植物—水分作用关系是水文模型和土壤—植物—大气连续体(soil - plant - atmosphere continuum,简称 SPAC)水分运动研究中的难点。目前多数水文模型把地面以下简化成一个水源完全混合的"黑箱",植物吸水、径流产生都从这一"黑箱"里利用或者输移同样的水。但 Brooks 等发现植物利用的水源不同于河流的水源,证明水源在地下并非完全混合,应重新认识水文系统各环节和植物水源之间的关系。植物用水和径流是地下水文系统最重要的两个输出途径。认清两者关系有利于水文机制模型的发展或完善,深入认识植被对水资源的调节机制,也可以结合其他水源关系,更准确地揭示植物对环境的水分适应机制。但目前对植物水分来源和适应机制大多强调植物利用哪些水源,缺乏把水文循环各个环节作为一个整体系统进行关联研究,造成无法深入了解生态系统内水分之间运移过程和转化机制。

尽管目前浅薄紫色土的水文研究在产流过程、水土流失和污染物质迁移方面开展了一些工作,但生态水文过程研究仍不足。前期研究发现,紫色土壤中流和地下径流发育,该地区壤中流是氮迁移的主要路径,使得常规的坡面水土保持措施治理效果不佳,迫切需要理解地下植物与水分的作用关系,重新选择和规划水土流失治理与污染防治的生物措施。而季节性干旱又是造成紫色土区农业减产的重要原因。研究表明,玉米可以利用80 cm 深度的土壤水和一部分地下水,但紫色土土层的厚度一般在 20 ~ 60 cm,下层是风化的紫色母岩,作物如何进行水分的利用成了研究的重点。农林复合是紫色土区典型的景观,受人类开垦和退耕政策影响,林地、坡耕地之间相互转化,阐明各自水文特征下植物的水分适应机制,可以深入理解植被变化对生态水文过程的影响,有助于建设高效的农林复合生态系统。此外,虽然有关植物水分利用的研究很多,涉及不同的土地利用方式、不同生活型、不同种类、不同季节,但大部分研究都集中在干旱半干旱地区或季节性干旱区。

有关浅薄土区植物的水分利用策略却少见报道,因此有学者指出浅薄土区对植物水分来源的研究需要加强。综上,利用氢氧稳定同位素技术对浅薄土区植物水分来源及水分利用策略方面的研究具有深远而重要的意义。

　　生态退化机制和植物—水分作用关系一直是土壤物理学和生态水文学关注的热点。高效农业、水资源利用的实现和生态建设都应遵循植物的水分适应规律。揭示不同植物对浅薄紫色土的水分适应机制是解决上述科学问题的前提和基础。因此,本书拟利用稳定性氢氧同位素技术,通过模型计算等方法,研究紫色土区浅薄土壤上林地、坡耕地潜在水源的同位素特征,阐明典型植物利用水源的比例及在时间上的差异,揭示典型植物对浅薄紫色土的水分适应机制,研究结果可为地区生态建设提供参考,为紫色土区水资源的高效利用和农业可持续发展提供理论依据,也可以为建立或完善水文机制模型提供基础数据。

1.3　目前研究存在的问题

　　关于紫色土丘陵区坡地径流的研究开展了很多工作,并取得了很多有价值的成果,如证明了该地区坡地产流以超渗产流为主要产流方式,壤中流是硝酸盐迁移的主要途径。但也存在许多不足之处:对降雨、土壤水、径流相互转换关系,各坡地径流水分来源以及组成浅薄土壤上主要植物的利用的水源及变化并不是十分清楚。紫色土质地较粗,土层浅薄,底层为透水性较弱的紫色泥页岩,土壤与岩层之间存在风化的碎屑岩,易形成壤中流、地下径流,对该地区特殊的坡面水文循环过程研究不够深入,尤其是地下径流(穿透土壤、泥页岩的水流)过程不足;缺乏植物用水策略以及对坡地产流过程的影响研究;在紫色土丘陵区应用同位素技术关于水分循环的研究开展得还较为有限,处于比较薄弱的阶段。同时,基于多种假设的同位素示踪技术存在很多缺陷,在封闭的小尺度实验坡地利用其他示踪剂和水量平衡的方法可以验证同位素方法的准确性。

　　因此,利用稳定性氢氧同位素技术从阐明紫色土坡地地表径流、壤中流和地下径流的水分来源的角度,去揭示该地区坡地产流机制和水文路径,通过测定潜在的水源和植物茎干水,基于 Isosource 模型确定浅薄土层上典型植物的主要水分来源,为紫色土丘陵区水资源合理利用,污染物迁移特征与控制、植被建设提供科学依据,基础数据的获取也有利于更精确水文模型的建立和完善。

第 2 章　研究区概况与研究方案

2.1　研究区概况

　　长江上游紫色土丘陵区是我国重要的农业经济区,该区存在大量的坡耕地且土壤侵蚀严重,是长江泥沙的主要来源区,是长江流域环境的重要影响区。图 2-1 显示了紫色土在我国的分布,可见紫色土主要分布在四川盆地,对长江中下游的泥沙和径流产生显著影响;并且紫色土坡耕地复种指数高,化肥和有机肥施用量大,农业非点源污染对长江下游地区构成了严重威胁。

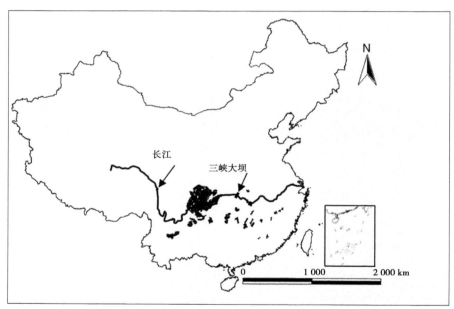

图 2-1　中国紫色土分布

　　本书中所开展的实验在中国科学院盐亭紫色土农业生态实验站。实验站设在四川省盐亭县林山乡($105°27'$E,$31°16'$N),位于紫色土低山丘陵区,属嘉陵江流域。实验站所处截流堰小流域地貌类型为中深丘陵,海拔 400 ~ 600 m。该区属于亚热带湿润季风气候,年均气温 17.3 ℃,多年平均降水量 826 mm。年内降水分布极不均匀,超过 80% 的降水集中在 5 ~ 9 月,而每年的 12 月至翌年 4 月降水量只占全年总降水量的 10% 左右。以 2012 年为例,全年降水量为 1 080.1 mm,高于多年平均降水量;全年月降水量分布极不均匀,存在明显的旱季与雨季,在实验期间(5 ~ 9 月)降水量达 911.7 mm,占全年降水量的 84.4%。

　　该区域因水平砂泥岩互层形成多级梯地,沟谷切割较深,冲沟发育,相对高差 10 ~ 200 m,谷底宽 50 ~ 150 m,两侧山坡较陡,平均坡比 1:3 ~ 1:10。该流域土壤主要为石灰性紫色土,成土母质为紫色砂泥岩,质地为中壤。土壤 $CaCO_3$、有机质、全 N 含量分别为 131.6(±4.8) g/kg、7.8(±0.7) g/kg、0.59(±0.3) g/kg;速效氮、速效磷、速效钾含量分别为 44.72(±4.44) mg/kg、6.94(±1.02) mg/kg 和 102.64(±5.91) mg/kg。土层厚度一般为 20 ~ 60 cm,紫色母层下多为不透水砂岩层。植被以桤木柏木混交林及由混交林演替而成的纯柏林等人工林为主,林区植被覆盖度较高。

2.2　研究方案

2.2.1　研究方法

　　在降雨事件中对降水过程、人工径流实验小区坡地径流水文过程和各层土壤含水量变化进行监测,采集前期土壤水以及降雨过程中降水、径流、土壤水过程样,无雨期采集林地土壤和乔木、灌木、草本和农地作物茎干样品,并抽提和测定各样品中的 δD 和 $\delta^{18}O$、径流中的各形态氮,通过稳定性氢氧同位素示踪和物质质量守恒相结合的方法,量化地表径流、壤中流、地下径流和植物的水分来源。从水源角度揭示紫色土丘陵区坡地水文特征、坡地产流机制、氮素迁移与径流水源关系以及主要植物利用的水源及变化,分析坡地径流过程中的氮素迁移和水源变化规律,找出坡地水文过程与非点源污染物迁移之间的联系。

2.2.2　技术路线

　　研究技术路线如图 2-2 所示,实验坡地采样如图 2-3 所示。

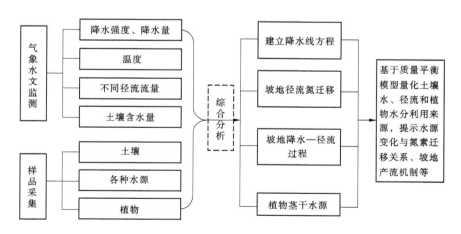

图 2-2　研究技术路线

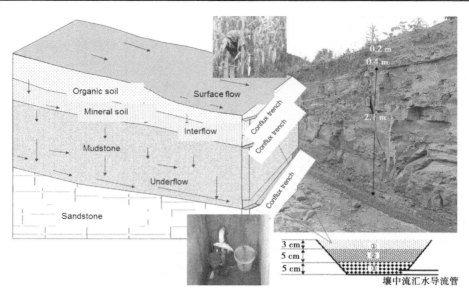

图 2-3　实验坡地采样示意

2.2.3　实验设计

2.2.3.1　数据获取方法

1. 气象水文数据监测

降水量、降水强度、气温等气象数据通过设在盐亭紫色土农业生态实验站内的标准气象站获取,气象站距离实验小区约 100 m。

2. 实验径流小区

实验选取了盐亭紫色土农业生态实验站 3 个面积相同能够收集地表径流、壤中流和地下径流的径流小区作定点监测。径流小区地表坡度为 7°,面积为 32 m²(8 m×4 m),土层厚度为 60 cm。实验小区实施小麦、玉米轮作制度,小麦季时间为 10 月底到第 2 年的 5 月;玉米季从 5 月开始到 10 月。在小麦季氮肥、磷肥、钾肥的施肥量分别为 130 kg/hm²、90 kg/hm²、36 kg/hm²;在玉米季磷肥、钾肥的施肥量与小麦季相同,氮肥比小麦季多 20 kg/hm²,为 150 kg/hm²。为避免坡上及侧面坡耕地水分侧渗影响,保障小区的水系独立,在小区四周建隔水墙,同时在径流小区底部设置地表径流、壤中流汇流和地下径流收集装置(见图 2-3)。坡地径流的流量与流速采用自制的自记式翻斗流量计实时监测。翻斗采用 PVC 管自制,使用 HOBO 计数器(HOBO Event Logger,H8 or H7,Onset Computer Corporation,Boume,MA,U.S.A,最小响应时间 0.5 s)记录翻斗翻动事件以及事件发生时间(摆动过程中利用圆形磁铁触发开关),每次降雨前测定左右翻斗的各自容量并对翻斗进行田间校准和容量记录。自制的翻斗流量计分别布设在每个径流小区地表径流、壤中流和地下径流的出水口处,如图 2-3 所示。

3. 坡地尺度观测

为了获得更大尺度的坡地产流数据,2013 年我们增加了 1 个面积为 1 400 m² 的长坡耕地地块作为定点监测,整个坡地挖了约 30 m 宽的断面,直接挖到砂岩不透水层,该坡地我们习惯称为长坡地,主要用以监测坡面土壤水分对降雨的响应以及较深层的地下径流,坡度 7°,土层总体厚度为 40~60 cm,总体表现为上坡位薄,中间较厚,下坡位次之;该地块紫色母岩层较厚,约 250 cm。为避免坡上及侧面坡耕地水分侧渗影响,确保水系独立,长坡地块与小区一样,四周均建隔水墙直至基岩。壤中流出流口开设在土壤层与紫色母岩层交界面深度处,地下径流出流口在紫色母岩和砂岩界面,如图 2-3 所示。长坡地样地基本土壤物理性质见表 2-1。

表 2-1　长坡地样地基本土壤物理性质

坡位	坡上				坡中				坡下			
土层(cm)	0~10	10~20	20~30	30~40	0~10	10~20	20~30	30~40	0~10	10~20	20~30	30~40
容度(g/cm³)	1.16	1.68	1.89	1.79	1.32	1.64	1.58	1.51	1.48	1.48	1.54	1.57
饱和含水率(%)	55.6	40.6	36.7	38.5	51.7	42.9	43.7	43.8	47.4	45.9	43.2	41.8

4. 实验样品的采集

1)降水样品的采集

降水样品的采集分为两部分:一是对 2012~2017 年全年每次降水事件总样的采集;二是在七次坡地降水—径流过程中,每隔 0.5 h 对降水过程样的采集。降水通过直径 20 cm 的玻璃漏斗收集到体积 1 L 的高密度聚乙烯瓶内,漏斗与瓶接口处用生料带缠上,漏斗上放置乒乓球,这些措施都是为了防止蒸发对样品的影响。采集的样品当天测定电导率后,立即放入冰箱在 −4 ℃保存,直到上机分析,降水采集装置布设在实验小区附近。

2)土壤水的测定与采集

土壤含水量用 Mini Trase 测定,探头自制,在每个径流小区的中部偏下的位置沿土壤剖面分层布设自制的 TDR 探头。沿土壤剖面从上向下划分为 0~5 cm、5~10 cm、10~20 cm、20~30 cm 和 30~40 cm。探头埋在每层中间位置,探头在使用前进行了室内土柱与田间实地的校正,精度较差的探头重新制作,选取精度高的探头埋入小区坡中位置。对于长坡地,土壤水分探头安装在坡上、坡中和坡下三个位置,深度与实验小区一致。

实验采用了两种采集土壤水的方法。第一种是利用布设在实验小区内的陶土管采集土壤水。埋深不同的陶土管垂直于坡向布设在实验小区中部偏下位置,埋深分别为 0~10 cm、10~20 cm、20~30 cm 和 30~40 cm。采集期间,管内保持一定负压(85 MPa),陶土头周围的水被吸入管中。在降雨后每天的 6~9 时、13~16 时和 20~23 时三个时段使陶土管内保持负压吸水,以代表雨后相等时间间隔的土壤水样。连续采样 3~4 d,降雨期间视情况加密采样,雨前采样可能因土壤较干而需要保持较长吸水时间。在三次降水—径流过程中,每隔 1 h 用此方法采集三个小区不同深度的土壤水。第二种是利用土钻分别采集 0~5 cm、5~10 cm、10~20 cm、20~30 cm 和 30~40 cm 深度的土壤,装入特制的小玻璃瓶内并用封口膜密封,放入冰箱在 −4 ℃保存。后期在实验室内利用植物土壤水分真空抽提系统(见图 2-4)提取土壤中的水分。

3)坡地径流水样的采集

在降水—径流过程中,记录产流时间后利用自制翻斗仪开始对地表径流、壤中流和地

图2-4　植物土壤水分真空抽提系统

下径流过程进行采集,在翻斗两侧放置塑料水桶,用于混合样品,一般采样周期为 0.5 h,因此采集的样品为 0.5 h 的径流混合样。采样时间到,用自制钩子将水桶勾起,采完样品倒空再放置原位,由于径流过程有时会持续很长时间,径流后期可适当减少采样频率。

所采集水样都装在有内盖的 50 mL 高密度聚乙烯瓶内,及时送往实验室在 −4 ℃保存,并尽快分析样品。

4)植物样品采集

在林地(柏树、黄荆、黄茅草)和坡耕地(小麦、玉米)选择生长状况良好的植株作为采集对象,采集叶片装入塑封袋,待测叶片含水量;截取 4～5 节 10 cm 左右长度的栓质化小茎,快速装入 10 mL 螺口玻璃样品瓶中,拧紧瓶盖,用 parafilm 封口,放在冰柜里储存待真空提取植物水样。林地每月采一次样,坡耕地随着农作物的生长周期(苗期、拔节期、抽穗期、灌浆期、成熟期)分别采样,玉米的生长周期较短,所以每个生长期采一次样,而小麦的生长周期较长,所以苗期采三次样,其他生长周期各采一次样。每次采样均重复采三次样,以备抽提失败。

2.2.3.2　植物水与土壤水的真空抽提步骤

植物和土壤样品的水分提取采用北京理加联合科技有限公司生产的真空抽提系统,进行低温真空抽提。该产品原理为根据真空条件下固、液态水易于升华或汽化为水蒸气,同时按照热力学第二定律热量从高温物体向低温物体转移。所以,在真空环境下把装有样品的样品管进行高温加热,在冷凝端进行低温控制收集水分,把样品中的水分快速高效提取收集。将收集好的液态水装入 2 mL 玻璃小瓶待测。

1. 实验准备

植物和土壤样品、液氮、手套、封口膜、冷凝管、凡士林、1 mL 针管。

2. 抽提实验过程

1)样品入管

为防止抽真空过程中,样品瓶弹起导致样品试管破裂,首先需在样品试管底部垫一小坨棉花;然后取出冰柜中冷藏的样品,擦掉样品瓶身水汽、撕掉样品瓶口的 parafilm 膜,拧开瓶盖,将样品利用0.01精度的天平称重,然后将去除瓶盖的样品瓶放入样品试管中(植物样品直接将样品瓶放入,如果是土壤样品,需要在样品瓶中加入一小坨棉花,以免抽提土壤迸出进入系统影响系统的真空度);最后用广口螺帽套件将样品试管安装在广口螺帽口上,用窄口螺帽套件将冷凝试管安装在窄口螺帽上,并关上每组玻璃组件的玻璃阀门。

2)冷冻样品

将盛有少量液氮的液氮杯(不锈钢保温杯)迅速套在样品试管外,然后用液氮转移杯慢慢往液氮杯里添加液氮,并在液氮杯下放置木块以提高液氮杯的位置,直至液氮没过样品瓶,使其始终处于冷冻的状态。其中,植物样品冷冻10 min,土壤样品冷冻15 min。

3)检查装置密闭性

在冷冻样品的过程中,可以打开真空泵抽主管道真空,主管道达到实验要求的真空值(3.9 Pa)以下后,并确认冷冻时间足够,就可以分别打开玻璃组件的玻璃阀门给分管道抽真空(与此同时,打开温控箱为加热管进行预热,加热管的温度设置为90 ℃,也可以待整个系统达到真空度,套上加热管再加热,但需要时间久些),当五组玻璃组件抽完真空之后主管道还能达到真空值(3.9 Pa)以下,最好达到1 Pa以下(抽真空时应注意,在保证系统密闭性良好时,抽提空间越大,系统越容易达到真空度),则说明整个装置密闭性良好,然后关闭五组玻璃阀门、关闭真空泵,此时立即移下液氮杯并套在收集液态水样品的冷凝管的外面,同时戴上手套快速给样品试管分别套上加热管,并将加热带通电,加热带温度设定为75 ℃。注意整个过程以免烫伤和冻伤。

4)水分提取

在等待样品加热的过程中,如果样品试管这边的液氮量不足以没过样品,要注意随时添加,当冷凝管上部的水汽气泡比较密集且不再产生,整个组件中不见水珠的时候,我们就认为样品瓶里的水分收集完毕(经验来说,植物样品需等待2~3 h,土壤样品需等待1~1.5 h),当水分收集完毕后,用parafilm将冷凝管口密封并摇匀,最大程度汇集管中水分,然后用1 mL全新医用针筒抽取冷凝管中的水,注入进样瓶中,贴好标签。将抽提的土壤和植物样品再次称重,并取出样品,称量样品瓶重量,计算样品含水量;将抽提后的样品再次放入烘箱在105 ℃下烘干8 h,当水分提取效率达到98%时,认为水分提取完全,此时完成植物和土壤样品水分提取。

2.2.3.3 水体中氢氧同位素的测定

样品上机测试前,如果样品浑浊,尤其是径流、植物样品,需用0.22 μm的针头过滤器进行过滤,以去除水样中的泥沙及其他杂乱物质。

1. 实验样品的分析

不同水体中的氢氧同位素变化很小,很难用其丰度值来明显地表示出这种差别。所以,实际应用中一般用 δ 值来表示元素的同位素组成。δ 值是指样品中两种稳定同位素的比值相对于国际标准水样 VSMOW(Vienna Standard Mean Ocean Water)同位素比值的千分之偏差,即

$$\delta(\text{‰}) = (R_{样品} - R_{标准}) / R_{标准} \times 1\,000 \tag{2-1}$$

式中:R 为同位素比值,是一种元素稀有的与富含的同位素丰度之比,如 $R(D) = D/H$,

$R(^{18}O) = {}^{18}O/{}^{16}O$。

δ 值的正负分别表明样品较标准富含重同位素或轻同位素。书中统一用 δD 和 $\delta^{18}O$ 表示氘和氧 ^{18}O 同位素的含量。

降水、土壤水和各坡地径流水样的 δD 和 $\delta^{18}O$ 测定采用 Picarro 液态水同位素分析仪分析(L2120i,Picarro Inc.),δD 和 $\delta^{18}O$ 的精度分别达到 0.5‰ 和 0.2‰。由于液态水同位素分析仪采用的是稳定同位素红外光谱技术,而在植物水分抽提的过程当中极其容易混入与水分子具有相似光谱吸收峰的甲醇和乙醇等有机物,从而引起光谱污染,造成测定结果的偏差。但仪器可以装有有机物去除和校正模块,以消除有机物对测定结果的影响。测定结果用从 IAEA 购买的 4 个已知丰度的标准样品的 V – SMOW 值建立线性方程进行校正。

坡地径流水样总氮(TN)、氨氮(NH_4^+—N)、硝态氮(NO_3^-—N)和可溶性有机碳含量(DOC)测定利用连续流动分析仪(AA3,Bran + Lubbe)测定。

2. 利用环境同位素划分水源的原理和验证方法

利用水量和质量的平衡方程确定径流水源中降水与土壤水的比例:

$$Q_t \delta D = Q_s \delta D_s + Q_p \delta D_p \tag{2-2}$$

$$Q_t = Q_s + Q_p \tag{2-3}$$

式中:δD_s、δD_p 分别为土壤水和降水中氘含量;Q_s 为土壤水源贡献量;Q_p 为降水贡献量。

2.2.4 植物水源划分方法

2.2.4.1 直观法

直观法,顾名思义就是指将植物根茎水的氢氧同位素与其水分来源的氢氧同位素进行比较,就大致可以判断出植物水分利用来源所处的土壤深度。但利用直观法进行分析时,有一个前提条件,即在任意时间,植物根茎优先利用某一特定层次的土壤水。

2.2.4.2 二项或三项分隔线性混合模型法

植物体内水分的同位素组成是各种水分来源同位素组成共同混合之后的结果。通过分析对比植物木质部水分与各种水源的同位素组成特点,可以确定不同来源水分对植物的相对贡献率。二项或三项分隔线性混合模型(two or three compartment linear mixing model)就可以估算出植物对不同水源的相对使用量。

当植物有两种水分来源时:

$$\delta D = x_1 \delta D_1 + x_2 \delta D_2 \tag{2-4}$$

$$\delta^{18}O = x_1 \delta^{18}O + x_2 \delta^{18}O \tag{2-5}$$

$$x_1 + x_2 = 1 \tag{2-6}$$

当植物有三种水分来源时:

$$\delta D = x_1 \delta D_1 + x_2 \delta D_2 + x_3 \delta D_3 \tag{2-7}$$

$$\delta^{18}O = x_1 \delta^{18}O_1 + x_2 \delta^{18}O_2 + x_3 \delta^{18}O_3 \tag{2-8}$$

$$x_1 + x_2 + x_3 = 1 \tag{2-9}$$

式中:$\delta D(\delta^{18}O)$ 为植物木质部水分的稳定性氢或氧同位素组成;$\delta D_1(\delta^{18}O_1)$、$\delta D_2(\delta^{18}O_2)$、$\delta D_3(\delta^{18}O_3)$ 为潜在水源 1、2、3 的稳定性氢(氧)同位素组成,x_1、x_2、x_3 为水源 1、2、3 在植

物所利用的水分总量中所占的百分数。

由此可以看出,二项或三项分隔线性混合模型只适用于植物所利用的水分来源少于 3 个,但是在现实中,植物所能利用的水分来源往往有很多,植物所吸收的水是不同来源水分的混合体,所以在这时这个模型就凸显出来其局限性。

2.2.4.3　多元混合模型法

由于二项或三项分隔线性混合模型存在着局限性,因此适用于分析多种水分来源的模型应运而生。Phillips 和 Gregg 建立了 Isosource 模型:当存在多个(小于或等于 10 个)水分来源时,完全可以基于同位素描述各潜在可利用水源的分布、使用状况。后来 Robert Gibson 公司针对 Windows 用户用 VB 语言编写了 Isosource 软件,同位素种类最多可输入 5 种,Mixtures 表示植物木质部分水的同位素值,水分来源最多可输入 10 种,增量一般设为 1%,容差一般设为 0.01~0.05(Phillips 认为容差值不可低于 0.5×增量×水源间差异最大同位素组成的值),容差值越大,可接受的值也越多。但这种方法也有其不足之处,多元混合模型只能计算有限的几个水分来源,并且各潜在水源之间要具有不同的氢氧稳定同位素值,虽然这种方法不能生成唯一的解,但它却将每种水分来源的可能贡献率降到了某一较小的范围内,为研究水分来源提供了一个更现实、更灵活的解决方法。多元混合模型的计算方法如下:

$$\delta M = fA\delta A + fB\delta B + \cdots + fN\delta N \tag{2-10}$$

$$1 = fA + fB + \cdots + fN \tag{2-11}$$

式中:δM 为植物茎抽提水的氢(氧)同位素值;δN 为第 N 种水源的氢(氧)同位素值;fN 是第 N 种水源在植物茎水分中所占的百分比。

2.2.4.4　SIAR 模型法

近些年,有学者提出了基于贝叶斯算法计算植物水源和动物食物来源的最新方法——SIAR 模型(stable isotope analysis in R,作者 Parnell 和 Jackson)。该方法能够克服采用 Isosource 软件进行计算带来的未考虑其标准差的影响等问题,感兴趣的读者可以参考 R 语言的 SIAR 包或者利用梅老师的博客进行学习。

2.2.5　数据分析

数据分析利用 Isosource 软件和 R 软件进行分析。

第3章　紫色土丘陵区降水氢氧同位素特征

　　水循环是地球化学循环的重要组成部分,是物质和能量迁移的动力和载体之一。降雨是大气圈与水圈物质与能量交换最积极的一部分,降水氢氧同位素具有时空差异性,通过对降水同位素的监测可以为研究现在和过去气候条件下水循环提供背景值。作为所研究小流域的主要水分来源,降水中的氢氧同位素特征对该地域各水体中的氢氧同位素有着根本性的影响,是利用同位素技术在该地域开展水循环研究的基础,同时降水中氢氧同位素特征还能够反映该区域的水汽来源等气候信息,所以成为本书的重要研究内容,并作为研究内容的第一部分。

3.1　降水中 δD 和 $\delta^{18}O$ 的变化

　　研究地点所在盐亭县代表的紫色土丘陵区属于亚热带湿润季风气候区。通过采样分析,实验区域 2012 年降水同位素值 δD 变化范围为 $-118.34‰ \sim 46.12‰$,$\delta^{18}O$ 变化范围为 $-15.57‰ \sim 3.52‰$。根据降水量加权平均得出,δD 年均值为 $-51.53‰$,$\delta^{18}O$ 年均值为 $-8.12‰$。中国降水年均 δD 变化于 $-17‰ \sim -134‰$,$\delta^{18}O$ 变化于 $-3.6‰ \sim -13.9‰$。该范围比中国降水范围略大,主要因为我们收集了所有降水,包括小于 20 mm 的降水,甚至对 2 mm 的降水也进行了测定,这类降水往往表现出重同位素特征,造成了重同位素值范围比较大。全年降水 δD 和 $\delta^{18}O$ 月均值变化见表 3-1。由表 3-1 可知,δD 月均值最大值出现在 11 月,为 19.18‰;最小值出现在 9 月,为 $-84.01‰$。$\delta^{18}O$ 月均值最大值也出现在 11 月,为 2.46‰,而最小值出现在 9 月,为 $-11.86‰$。整体而言,雨季降水中的 δD 和 $\delta^{18}O$ 值低于旱季,变幅大于旱季。δD 月变幅最大的月份为 6 月,变化范围为 $-85.38‰ \sim 8.39‰$;变幅最小的月份为 11 月,变化范围为 $-20.45‰ \sim 15.10‰$。$\delta^{18}O$ 月变幅最大的月份为 6 月,变化范围为 $-12.64‰ \sim 0.40‰$;变幅最小的月份为 12 月,变化范围 $-4.03‰ \sim -2.72‰$。

　　大气降水中 $\delta^{18}O$ 的变化与产生降水的物理过程密切相关,其中水循环过程中的蒸发和凝结过程对 $\delta^{18}O$ 大小的影响最显著,降水中的氢氧同位素一般存在以下规律:δ 值向远离海岸线的方向降低的大陆效应;沿纬度升高方向降低的纬度效应;沿高程增加方向减少的高程效应;随地面气温升高增大的温度效应;随降水量增大而减少的降水量效应。而温度是影响蒸发和凝结过程的重要因子之一。图 3-1 所反映的是降水中的 $\delta^{18}O$ 与日平均温度变化的关系。2012 年年平均气温为 16.97 ℃,日平均气温变化范围为 $0.42 \sim 30.52$ ℃,月平均气温变化范围为 $4.50 \sim 26.97$ ℃,最高值出现在 8 月,最低气温出现在 1 月。从图 3-1 中可以较明显地看出,$\delta^{18}O$ 随气温的升高存在降低的趋势,对两者进行相关性分析得到:

$$\delta^{18}O = -0.214T - 2.022 \ (n = 119, r = -0.433, p < 0.001) \tag{3-1}$$

表 3-1　2012 年实验区降水 δD 和 $\delta^{18}O$ 月均值变化

月份	1	2	3	4	5	6
δD 月均值(‰)	−30.17	7.87	14.58	8.62	−23.67	−47.83
δD 最大值(‰)	−12.26	28.35	46.11	36.19	10.99	8.39
δD 最小值(‰)	−45.15	−15.48	9.34	−1.04	−35.95	−85.38
$\delta^{18}O$ 月均值(‰)	−7.23	−2.85	−0.77	−0.49	−5.08	−7.94
$\delta^{18}O$ 最大值(‰)	−5.07	0.65	2.36	3.52	−1.32	0.40
$\delta^{18}O$ 最小值(‰)	−9.04	−4.54	−2.14	−1.89	−6.62	−12.64
月份	7	8	9	10	11	12
δD 月均值(‰)	−68.50	−76.90	−84.01	−30.56	19.18	−3.15
δD 最大值(‰)	−38.15	−34.13	−39.51	5.68	−20.45	3.80
δD 最小值(‰)	−94.56	−118.34	−96.09	−44.52	15.10	−5.35
$\delta^{18}O$ 月均值(‰)	−10.19	−10.34	−11.86	−5.92	2.46	−3.71
$\delta^{18}O$ 最大值(‰)	−6.30	−4.73	−5.59	−1.53	3.49	−2.72
$\delta^{18}O$ 最小值(‰)	−13.95	−15.57	−13.28	−7.62	−0.87	−4.03

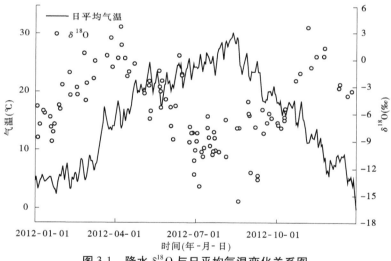

图 3-1　降水 $\delta^{18}O$ 与日平均气温变化关系图

　　降水中的 $\delta^{18}O$ 与日平均气温呈极显著负相关关系。在研究区域所在的西南地区、长江流域,章新平、吴华武等分别对其进行研究,都发现降水中 $\delta^{18}O$ 与温度的负相关关系。受东南季风影响的中国大部分地区,由于水热同步,降雨量效益掩盖了温度效益,都存在着这种现象,Schotterer 等在香港地区发现两者的负相关关系。而位于欧亚大陆腹地远离海岸线,受季风作用微弱的乌鲁木齐,也存在着这种 $\delta^{18}O$ 与温度的负相关关系。同样是对乌鲁木齐流域的研究,姚檀栋得出了与之相反的结论,发现降水中的 $\delta^{18}O$ 随海拔增高而减小,$\delta^{18}O$ 值与温度有密切的正相关关系。

　　Schotterer 等在关于全球尺度降雨 $\delta^{18}O$ 年平均值与气温的研究中发现两者的正相关关系,伴随着 20 世纪全球气候变暖的趋势,降水中的 $\delta^{18}O$ 值也在升高,降水 $\delta^{18}O$ 与气温之间的关系存在时空尺度间的差异。由于该地区对降雨同位素长期定位观测资料的不足,不能分析年际间 $\delta^{18}O$ 与气温的关系。

图 3-2 所反映的是降水中的 $\delta^{18}O$ 与降雨量之间的关系。2012 年全年降雨总量为 1 080. 1 mm,其中实验所进行的雨季(5 ~ 9 月)降雨量达 911. 7 mm,占全年降水量的 84. 4% 。降雨量最大值出现在 7 月,达 265. 4 mm;降雨量最小值出现在 11 月,仅为 5. 9 mm。从图 3-2 中可以明显看出,降水中的 $\delta^{18}O$ 随降雨量呈增大而减少的趋势,对两者进行相关性分析得到

$$\delta^{18}O = -4.901P - 0.085 \quad (n = 119, r = -0.385, p < 0.001) \tag{3-2}$$

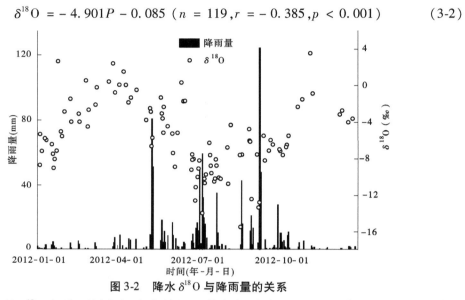

图 3-2　降水 $\delta^{18}O$ 与降雨量的关系

降水中的 $\delta^{18}O$ 与降雨量之间存在着极显著负相关关系,即随着降雨量的增大,降水中的 $\delta^{18}O$ 越偏贫化,降雨量效应没有温度效应显著。章新平认为,受诸如凝结高度、风速、大气的稳定度、湿度以及水汽条件等气象要素的随机影响,降水中 $\delta^{18}O$ 的离散程度较大,$\delta^{18}O$ 与降雨量关系方程的 $R^2 = 0.148$。李小飞等对整个黄河流域的研究中发现,在黄河流域上游地区降水同位素不存在降水量效应,而中下游降水同位素表现出较为明显的降水量效应,地区间降雨氢氧同位素效应存在较大的差别。

3.2　降水中的氘盈余特征

1964 年 Dansganaard 提出了降水中氘盈余($d,d = \delta D - 8\delta^{18}O$)的概念,$d$ 值能够敏感地反映出降水水汽来源地洋面湿度变化,可以利用其来示踪水汽来源、水汽路径。例如,水汽源地空气的相对湿度增加 10‰,将会导致降水中氘盈余下降 6‰。d 值为 10‰时,表明水汽来源蒸发时的空气相对湿度为 85% ,当水汽来源局地蒸发通常相对湿度较低,形成降水 d 值大于 10‰。

图 3-3 反映的为研究区 2012 年降水中氘盈余的特征。d 值的变化范围为 -7.48‰ ~ 38.48‰,降雨量加权均值为 13.85‰。d 值小于 10‰的降水量达 200.9 mm,占总降雨量的 18.84% ,有 22.22% 的降雨 d 值稍高于 10‰,这部分水汽可能是由于海洋水汽远距离

补给,d 值微升。来自海洋的水汽占该地区降水水汽来源的 41.06% 以上,因为一部分水源在降水过程中再蒸发,d 值增大。降水中的 d 值呈现雨季低而旱季高的特点,说明在雨季,盐亭地区降水的水汽主要来源于低纬度海洋,空气湿度大,d 值小;干燥水汽可以显著增加降水中的 d 值,干燥水汽来自于大陆盆地或途经内陆。在旱季,受大陆性气团的影响,该地区降水的水汽可能来源于四川盆地再蒸发水汽的补给,空气湿度小,d 值大。这与章新平等对整个西南地区降雨水汽来源的研究一致。在全球各大陆,亚洲大陆的特征是大范围分布在氘盈余中值区($d = 3‰ \sim 12‰$)。在中国的分布呈现西高东低、南高北低的分布状况,西南地区是我国氘盈余的其中一个高值区。

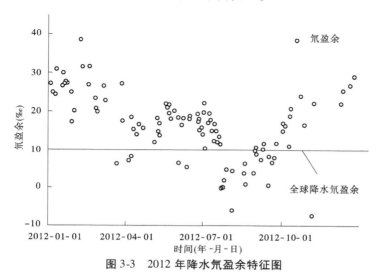

图 3-3　2012 年降水氘盈余特征图

3.3　降水过程中的 ^{18}O 变化

利用氢氧同位素分割径流时假定降水中的同位素在时空上是一致的,但在降水过程中重同位素比较快的凝结变成降水,所以随降水过程雨水中同位素是变贫的过程。而降水中氢氧同位素在空间上的差异也不能忽略不计。

本书重点监测了 2012 年、2013 年的 7 次大雨或暴雨事件,其中 2012 年 3 次,日期分别为 7 月 22 日、8 月 20 日、8 月 30 日;2013 年 4 次,日期分别为 6 月 5 日、6 月 8 日、6 月 20 日和 6 月 24 日,统一以发生日期命名,例如 0722 次降水过程。首先本书对 2012 年的三次暴雨过程的氢氧同位素变化进行分析。对 7 月 22 日、8 月 20 日和 8 月 30 日三次暴雨降水过程进行了降雨过程样的采集。7 月 22 日的降水主要分为两段,即当天下午和次日上午;8 月 20 日降水集中在当日上午。8 月 30 日降水持续时间较长,分为三部分,第一部分主要开始在 29 日晚间,降水主要集中在 30 日凌晨;第二部分在 31 日下午;第三部分主要集中于 9 月 1 日上午。3 次降水过程降雨总量分别为 43.5 mm、55.9 mm 和 51.1 mm,最大雨强分别为 16.6 mm/h、28.5 mm/h 和 10.8 mm/h。

图 3-4 所反映的是三次降水过程中 $\delta^{18}O$ 的变化,仅第三次降水过程中表现出降水中的 $\delta^{18}O$ 随降水事件的进行而减少的现象。而前两次降水过程后期甚至出现了降水中 $\delta^{18}O$

随降水事件进行而增大的情况。造成这种现象的原因可能有两点:降水后期降雨强度减小,空气湿度降低,雨水在下降的时候出现了蒸发;或者是由于水汽来源不同的云团作用所导致的。

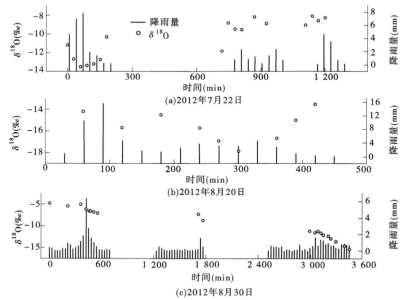

图 3-4　2012 年 3 次降水过程中的 $\delta^{18}O$ 变化

冠层截留会对降水同位素发生分馏,造成冠层穿透水与降水中的同位素含量不同。为了明确玉米冠层截留是否引起穿透雨水与降水中同位素差别而造成的对径流水源示踪的不准确,在 8 月 30 日的采样中,进行了与降水同步的玉米穿透水采集,降水与玉米穿透水 $\delta^{18}O$ 对比如图 3-5 所示。玉米穿透水比降水富集同位素,说明降水在经过玉米覆盖时的确发生了分馏,但分馏效应很微弱,两者间的差别很小,超过65%的样品 $\delta^{18}O$ 差异小于0.1‰,最大差异为 0.23‰,仅出现降雨后期雨强较小时,所以可以用降水直接计算径流水源。田日昌在对比油茶林穿透水与降水时发现两者间差别也很小,油茶林林冠的截留效应较本研究中的玉米更显著,则进一步表明玉米的冠层分馏效应不显著。

四次降雨过程及其 δD 同位素过程见图 3-6。这里重点分析 2013 年 4 次降雨事件的降雨过程。降雨过程分别开始于 6 月 5 日、8 日、20 日和 24 日。由于 4 次降雨对于产流而言关系密切,为了较为直观地体现降雨事件之间的时间关系,本书中所涉图表均统一以小时(h)作为历时的时间尺度,且以第一次降雨事件(书中以0605 次降雨的形式代称)之前约24 h,即 2013 年 6 月 4 日 12 时作为 0 时做参照。

第一次(0605 次)降雨开始于 6 月 5 日 11 时 30 分,即相对历时的 23.50 时,21 时 45分结束,历经约 10 h,总降雨量 33.8 mm,平均降雨强度 3.36 mm/h,最大 15 min 降雨量5.2 mm,出现在 28.25 时。最大 30 min 降雨 8.6 mm,最大 1 h 降雨 11.6 mm,最大 3 h 降雨 16 mm,最大 6 h 降雨 29.4 mm。根据降雨强度常用分级标准:当 12 h 降雨量为 30 ~ 70 mm 及 24 h 降雨量为 50 ~ 100 mm 时,属于暴雨。根据降雨过程的不同,降雨可以分为递减型、均匀型、突发型及峰值型 4 种。本次降雨属于峰值型。

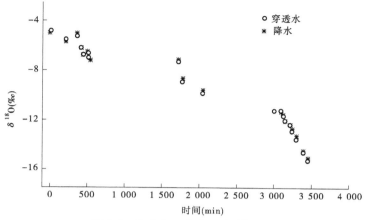

图 3-5　降水与玉米穿透水 $\delta^{18}O$ 对比

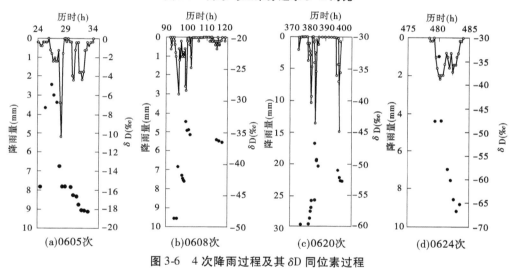

图 3-6　4 次降雨过程及其 δD 同位素过程

　　第二次（0608 次）降雨从（6 月 8 日上午 9 时）92 时开始距第一次降雨结束约 60 h,于 119 时结束（6 月 9 日上午 11 时）,历经 27 h,总降雨量与第一次相当,为 34.0 mm,平均降雨强度 1.26 mm/h,最大 15 min 降雨强度 2.8 mm,出现在 99.75 时段。最大 30 min 降雨量为 5.4 mm,最大 1 h 降雨量为 9.6 mm,最大 3 h 降雨量为 12.6 mm,最大 6 h 降雨量为 24.6 mm,最大 12 h 降雨量为 28.2 mm。根据降雨强度常用分级标准属于中雨,属于峰值型,且峰值偏向前期。

　　第三次（0620 次）降雨从（6 月 20 日 2 时 30 分）374.5 时开始,于 400 时结束（6 月 21 日凌晨 3 时许）,历经约 26 h,总降雨量为 121.0 mm,平均降雨强度 4.65 mm/h。该次降雨属于特大暴雨,发生的时段集中且主要分布在两个阶段,因此概括为突发—双峰型类型。两阶段的最大 15 min 降雨强度分别为 13.6 mm、14.8 mm,出现在 384.25 时段和 398 时段。最大 30 min 降雨分别为 19 mm、21.8 mm,最大 1 h 降雨量分别为 25.6 mm、31.6 mm,最大 3 h 降雨量分别为 31.4 mm、49 mm,最大 6 h 降雨量分别为 67.0 mm、49 mm,最大 12 h 降雨量为 61.2 mm,最大 24 h 降雨量为 117.4 mm。

第四次(0624 次)降雨从(6 月 24 日 10 时 30 分)478.5 时开始,距第三次降雨结束约 70 h,于 484 时结束(6 月 24 日 16 时许),历经 6 h,总降雨量为 23.6 mm,平均降雨强度 4.29 mm/h,最大 15 min 降雨强度 2.2 mm,出现在 482.25 时段。最大 30 min 降雨量为 4.2 mm,最大 1 h 降雨量为 8.2 mm,最大 3 h 降雨量为 20.0 mm。该次降雨类型属于峰值型大雨。

从 4 次降雨事件的时间分布来看,第一、二次相距约 60 h;第二、三次相距约 250 h;第三、四次相距约 70 h。第一次、第四次降雨事件下的产流情况在一定程度上会受前期降雨(第一、三次)的影响。

由图 3-7 可见,第一次降雨同位素 $\delta^{18}O$ 为 $-4.52‰ \sim -1.52‰$,δD 值为 $-18.31‰ \sim -4.87‰$,随降雨历时总体呈现贫化趋势。第二次降雨 $\delta^{18}O$ 和 δD 值分别为 $-6.65‰ \sim -5.01‰$ 和 $-48.53‰ \sim -33.31‰$,该次降雨过程出现了 3 个降雨峰值,总体来看,氢氧同位素紧随三次峰值依次逐渐变得富集,但在每个峰值的短期时段内,却呈贫化趋势。第三次降雨出现两组峰值,分别为 $-9.81‰ \sim -7.96‰$ 和 $-59.50‰ \sim -46.61‰$;过程中表现出先富集再贫化的趋势。第四次降雨总体呈现贫化趋势,分别为 $-10.74‰ \sim -7.92‰$ 和 $-66.69‰ \sim -47.67‰$。

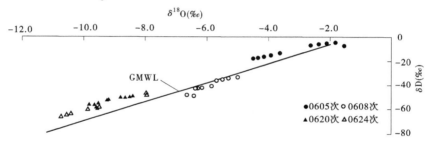

图 3-7　4 次降水过程氢氧同位素值与全球大气降水线方程的关系

图 3-7 是 4 次降水过程全球大气降水同位素值与全球大气降水线方程的对比关系。由图可见,4 次降水同位素依次向 GMWL 方程的左下方延伸,表示 4 次降雨过程的降水同位素逐次贫化,这是降水同位素季节效应的体现。第一、三、四次降雨同位素值总体分散在 GMWL 方程的左上方,并离 GMWL 线较远,说明这三次降水水源在由海洋向该地区输送过程中补充了一定数量的内陆蒸发水汽;第二次降水同位素分布在 GMWL 方程附近稍偏右下方,说明该次降水水源从海洋向内陆输送的过程中自身蒸发更为明显。

3.4　区域大气降水线

在蒸发和凝聚过程中,存在着 H_2O 和 HDO 之间蒸汽压变化与 $H_2{}^{16}O$ 和 $H_2{}^{18}O$ 之间的蒸汽压变化的比例关系,δD 和 $\delta^{18}O$ 的平衡分馏系数值 $S \approx 8.2(T = 25 ℃)$,所以导致了水体中 D 与 ^{18}O 的线性关系。从 1961 年 Craig 建立大气降水线(GMWL)起,在很多地区都建立了适用于自身的区域大气降水线(LMWL)。图 3-8 是利用 2012 ~ 2017 年 6 年时间降水样品所建立的盐亭地区的区域大气降水线方程

$$\delta D = 7.27\delta^{18}O + 12.33 \quad (R^2 = 0.95, n = 394) \quad (3-3)$$

降水线斜率主要是由降水水汽源地海水不同动力分馏而造成的。在干旱地区,降水

过程中的再蒸发也是影响方程斜率的重要因素,降水水汽源地海水表面上空空气湿度影响着方程的截距。与 GMWL($\delta D = 8\delta^{18}O + 10$)相比较,盐亭地区 LMWL 方程的斜率偏小与截距偏大(见图 3-8)。事实上,实际的斜率随着冷凝温度变化而变化,只有在较高的温度下,斜率才接近 8.0。降水量小而蒸发强烈的干旱或半干旱地区,其斜率大都小于8.0,斜率越小,偏离越远,反映蒸发作用越强烈。水汽在非平衡条件下产生凝结(如超饱和现象),则轻同位素相对高的分馏速率将抵消重同位素优先凝结的效应,这使得快速凝结过程中稳定同位素的分馏系数小于平衡状态下的分馏系数,就会导致大气降水线的梯度值大于 8.0。冷凝以后发生的蒸发将影响降水线的斜率,如果降雨落在地表上的干燥土层,一些雨水会蒸发,雨水中 δ 值会因为蒸发偏离全球大气降水线,而形成斜率小于8.0 的当地大气降水线。该区域 LMWL 与长沙、贵阳、昆明、南京等地的区域大气方程相类似,可能是这些地区都受东南季风性气候影响所导致;而与相邻的四川卧龙地区存在较大的差异,可能是该地区降雨样品采集不足或高山性气候所致。降水线方程的高截距反映出研究流域以受大陆性局地水汽来源影响为主,降落到地表的水重新蒸发在当地水汽来源中占很大比例。

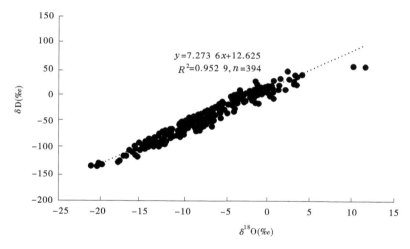

图 3-8　盐亭地区大气降水线

3.5　基于 HYSPLIT 模型的水汽来源验证

HYSPLIT‑4 模型是由美国国家海洋和大气管理局(NOAA)的空气资源实验室和澳大利亚气象局(BOM)的联合研究成果,利用气象场中的四维数据,用欧拉‑拉格朗日混合计算模式计算和分析大气污染物输送、扩散轨迹的专业模型。通过分析该地区降水气团的移动路径,追踪水汽来源。

利用 HYSPLIT‑4 模型,采用经纬度坐标为 105°27′E、31°16′N 的 NCEP/NCAR 全球再分析(Global Reanalysis)气象数据,用轨迹模式计算 4 个季节有降雨发生日期内 00:00、06:00、12:00 和 18:00 到达该地区气团的质点运移轨迹。各月降雨日 5 日后向轨迹模拟的结果如图 3-9 所示。

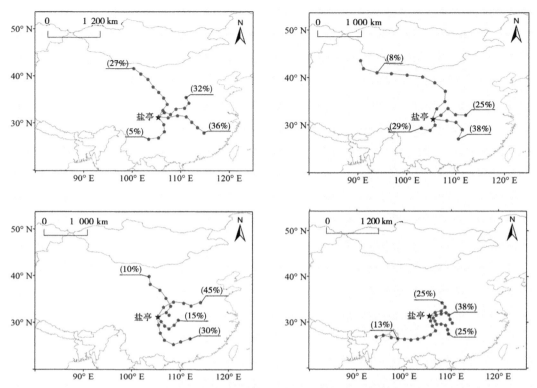

图 3-9　长江上游(盐亭地区)不同季节空气后向轨迹示意图
(图中百分比为该方向轨迹气团来源所占总数的百分比)

由图 3-9 可知,春季(3～5 月)时,长江上游的水汽主要由东向、西南向及北向南下的水汽组成。其中,蒙古高原、北冰洋的水汽占 8%,陆源水汽致使春季 d 值升高。夏季(6～8 月)为季风强盛期,西南向印度洋与东南向太平洋的水汽为主要水源,占 90%, d 值也为全年的最低。秋季(9～11 月)是长江上游西南—东南季风转向的时间节点,东向水汽为降水的主要来源,占 68%,由于远源水汽与高温下强盛的局地内循环交汇,该时期降水丰沛而 d 值较高。冬季(12 月至翌年 2 月),西风带将蒙古高原、北冰洋与大西洋的水汽混合输送至该地区,远距离运移致使 $\delta^{18}O$ 不断贫化,加之温度效应的影响,因而冬季 $\delta^{18}O$ 数值为全年最低。

综上所述,长江上游地区降水主要由夏季风输送的西南向、东南向水汽为主,受近源水汽与局地蒸发的影响, $\delta^{18}O$ 值呈波动下降趋势。冬春两季,北向季风与西风强盛,因而 $\delta^{18}O$ 值较高,局地水循环比例甚高。长江上游地处中部,因而其 $\delta^{18}O$ 值高于东部地区,且低于西部地区。

3.6　水汽源区变化及输送过程对长江上游夏半年降水稳定同位素的影响

OLR 低值区可较精确地反映 ITCZ 的位置与强度,是东亚夏季风降水的主要源区。

由降水氘盈余和水汽来源验证可知,降水集中于下半年且源于海洋。由于 ITCZ 是热带海洋的主要风场辐合区,因而有着强对流和强降水过程,水汽源区的变化及降水的冲刷作用都影响着气团运移过程中降水同位素的变化。因此,将夏半年(4～10 月)OLR 场数据利用 Meteoinfo 成图,结果见图 3-10。

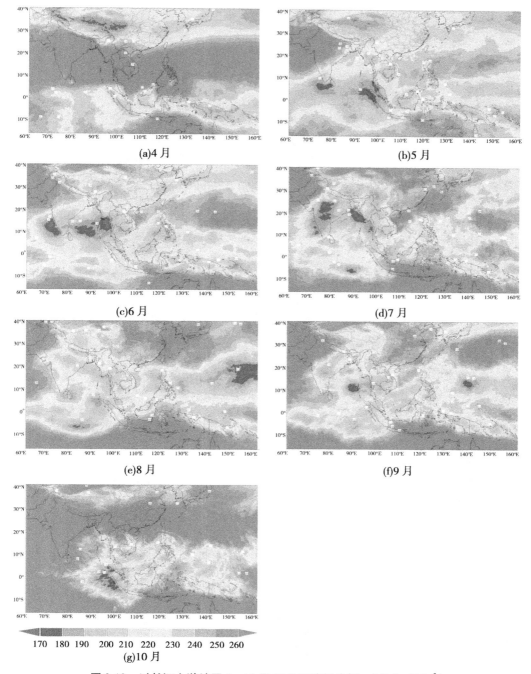

图 3-10　以长江上游地区 4～10 月 OLR 平均场为例　(单位:W/m^2)

由降水氘盈余和水汽来源验证可知,降水集中于下半年且源于海洋。由于 ITCZ 是热带海洋的主要风场辐合区,因而有着强对流和强降水过程,水汽源区的变化及降水的冲刷作用都影响着气团运移过程中降水同位素的变化。因此,将夏半年(4～10 月)OLR 场数据利用 Meteoinfo 成图,结果见图 3-10。

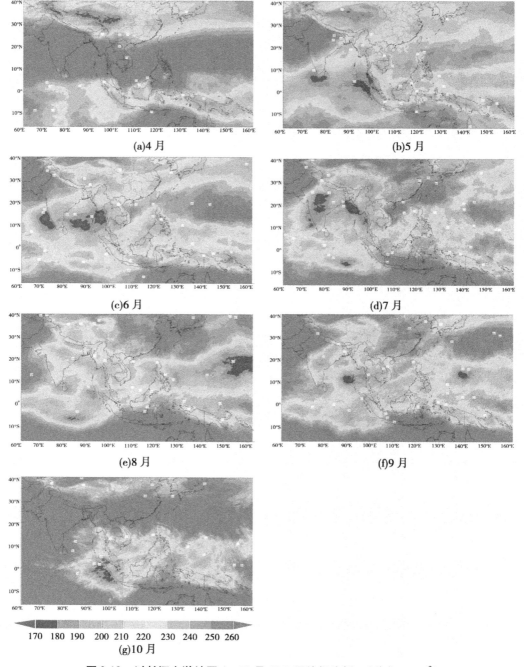

图 3-10　以长江上游地区 4～10 月 OLR 平均场为例　（单位:W/m²）

5 月,印度洋低压越过赤道北移,形成两个明显的低压中心,强度增加,印度洋全部由高压转为低压。此时由于气温升高而 $\delta^{18}O$ 值继续下降,由图 3-11(b)可见,水汽含量的高值区位于中国东部与西南地区,华中地区则处于低值区,这也对应了 5 月降水量减少的现象。

6 月,印度洋低压继续北进至孟加拉湾与阿拉伯海,形成两个高强度低压中心,太平洋由副高控制。此时 $\delta^{18}O$ 值骤然降低,降水量显著增加,已经可见由西南向内陆明显的水汽输送大通道,而东南向的水汽输送也初见端倪。

7 月,低压中心形成的孟加拉湾 ITCZ 强度加深,达到一年中的极值,但是南海和低纬西太平洋地区副高强度减弱,ITCZ 仍未建立。明显可见长江上游地区处于水汽高值区,降水量达到峰值,$\delta^{18}O$ 值为全年最低值,降水量效应与温度效应都最为明显,西南水汽通道也达到了最盛,证明长江上游地区降水主要受西南方向孟加拉湾 ITCZ 水汽影响。

8 月,印度洋 ITCZ 减弱,太平洋 ITCZ 建立,成为季风转换的关键时期。此时东亚主要由副高控制,东南方向太平洋水汽传输不畅,因而降水量减少,$\delta^{18}O$ 值相应回升。

9 月,西太平洋 ITCZ 建立,与印度洋 ITCZ 形成双中心。两大低压中心共同影响东亚地区,但强度降低。此时长江上游地区降水相对较少,$\delta^{18}O$ 值显著回升,东南向的太平洋水汽输送通道是这一时期长江上游地区的主要水汽来源。

10 月,海上低压中心南移并开始消散,进入季风末期,副热带高压重新控制南海及西太平洋海区。此时的降水主要源于冷暖气团的交替进退,降水增加,在降水量效应的影响下 $\delta^{18}O$ 值暂时降低,东南向水汽通道渐趋于消散。随着夏半年的结束与水汽来源的转换,ITCZ 与降水同位素之间的对应关系也随之结束。

3.7　小　结

(1)盐亭地区降水中 δD 和 $\delta^{18}O$ 随季节存在着比较大的波动,反映出地区降水水汽来源在不同季节是不相同的:雨季降水水汽主要来自海陆水循环的海洋性气团,旱季降水主要源自陆地内水循环的干燥水汽。

(2)盐亭地区降水同位素存在着显著的温度效应和降水量效应,降水中的 δD 和 $\delta^{18}O$ 随温度的升高或降水量的增大而贫化,呈负相关关系。$\delta^{18}O$ 与温度和降水量的关系分别为:$\delta^{18}O = -0.214T - 2.022$ ($r = -0.433, p < 0.001$);$\delta^{18}O = -4.901P - 0.085$ ($r = -0.385, p < 0.001$)。

(3)利用 2012~2017 年 6 年时间的降水事件稳定性氢氧同位素建立了盐亭地区区域大气降水方程(LMWL):$\delta D = 7.27^{18}O + 12.63$ ($R^2 = 0.95$),与全球大气降水线(GMWL)相比,其斜率偏低而截距偏大。

(4)2012 年盐亭地区降水中 d 值的变化范围为 -7.48‰ ~ 38.48‰,降水量加权均值为 13.85‰。41.06% 的降水中的 d 值小于或略大于 10‰,说明海洋水汽对该区域的降水水汽来源贡献小于 50%。

(5)在降水过程中 δD 和 $\delta^{18}O$ 也有比较明显的差异。玉米截留对降水同位素有微弱的分馏富集作用,但不显著,径流分割时可以忽略其影响。

第 4 章　紫色土丘陵区土壤水分运动特征

　　水是限制农业生产、农业集约化利用的主要因素之一。土壤水是陆生植物所需水分的主要来源,农作物的主要水源来自于土壤水,而土壤水主要是由降雨入渗过程补给的,提高降雨转化为土壤水的效率,可以在一定程度上缓解农业缺水问题。降水到达地面后有 3 个去向:向下——通过入渗补给深层土壤水和地下水,向上—蒸发返回大气圈,横向——转化为地表径流、壤中流和地下径流。通常将降水从地表进入土壤,通过土壤进入地下水的过程称为降水入渗补给。降水从地表进入土壤的水量称为降水入渗量。降水从地表渗入土壤非饱和带,又从非饱和带渗入饱和带或潜水含水层的那部分水量,称为降水对浅层地下水的入渗补给量,简称降水入渗补给量,其过程称为降水入渗补给过程。土壤水的蒸发造成土壤孔隙的排空,土壤水分含量的下降。在降水的前期,降水有相当一部分停留在土壤孔隙中形成土壤水,以后再通过蒸发、植物利用的方式从土壤水直接转化为水汽。降水主要用来补充土壤中的孔隙,超过田间含水量时通过优先流的方式补给深层土壤水和地下水。当降水量超过土壤蓄水能力时,超过入渗能力的那部分降水就转化为地表径流。

　　由于紫色土土层薄、有机质含量低,因此保水性差。虽然四川紫色土丘陵区属于湿润地区,年均降水量大于 800 mm,但由于降水在年际间和年内分布极不均匀,该地区存在比较严重的季节性干旱现象,农业非点源污染也进一步加剧了该地区洁净水资源的短缺。而且紫色土丘陵区降水易产生径流,特别是壤中流,使得降雨转化为土壤水的效率不高。季节性缺水已是该地区农业生产不能够忽视的限制因子。由于对该地区水资源短缺认识的不足,以及考虑到灌溉等农田水利措施利用率、经济性等问题,该地区农业主要以雨养农业为主。因此,研究土壤水的补给过程以及特征就显得非常有必要。

　　本书通过对盐亭紫色土农业生态实验站的典型坡地小区和长坡地 2012 ~ 2013 年间7 次降雨过程中土壤含水量的监测以及利用氢氧同位素示踪降水入渗途径、坡地径流过程中土壤水运动,针对土壤水分运动特征进行分析,以期掌握降水转化为土壤水的入渗过程和土壤水分再分布规律,为该区域高效利用有限的降水资源提供可靠的理论依据。

4.1　降雨过程中的土壤含水量变化

　　图 4-1 显示的是 2012 年 3 次降水事件中实验小区 2 与实验小区 3 的土壤含水量变化(体积含水量),实验小区 1 由于土壤含水量测定设备出现故障,没有降水过程中的土壤含水量变化过程。在整个土壤剖面中,0 ~ 5 cm 土壤含水量最低,10 ~ 20 cm 土壤含水量最高,其他层土壤含水量在两者之间,差异不大。土壤由固态、液态和气态三相构成,由于长期耕作土壤表层比较疏松,气态所占比重较大,所以浅层土壤含水量较小。耕作层有犁底层的存在土壤紧实,降水不容易渗过这一层补给较深层的土壤,会在这层有一定的蓄水,所以 10 ~ 20 cm 土层含水量最高,其次为 20 ~ 30 cm、30 ~ 40 cm 深度。

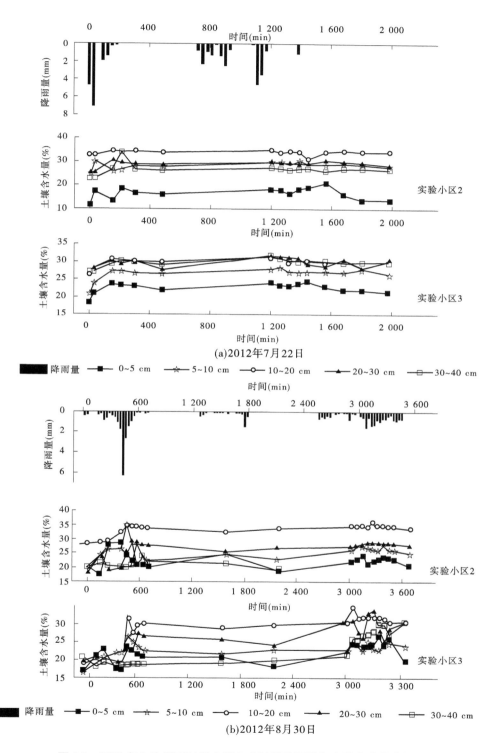

图 4-1　2012 年 3 次暴雨过程中紫色土坡地降雨量与土壤含水量变化

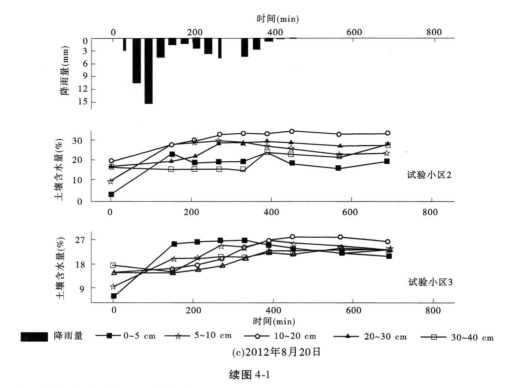

(c) 2012年8月20日

续图 4-1

在土壤含水量随降雨事件变化的过程中,2 个小区 3 次降雨事件中都表现出 0 ~ 10 cm 浅层土壤对降雨的快速响应:降雨开始时,土壤含水量增加;雨停或者雨强减小时,该层土壤含水量会出现明显的减小。这种土壤含水量随降雨雨强及时变化的效应随着土层深度的增加而减弱。在 10 ~ 20 cm 及其以下的土层中,土壤含水量会在降雨初期有显著的增加,增加到一定程度时土壤含水量趋于稳定,即达到或接近田间含水量。在雨停后相当长的时间内,该土层还会在较长时间内维持在这一含水量。

在 0722 次降水中,由于前期降雨较多,在 10 ~ 20 cm 及以下的土层土壤含水量趋于饱和,所以在降水过程深层土壤并没有较大的变化,降水主要改变了表层(0 ~ 10 cm)土壤水含量。深层土壤水含量基本没变化,但土壤含水量没变化并不能说明土壤水没有运动,降水对深层土壤水没有影响。降水可能驱使深层土壤水形成活塞流,而替换了原先的"旧水"。这种假设是传统土壤水文方法较难证明的。

持续 1 个月干旱后,在 0820 次降水之前,土壤各层含水量都处在一个低值。整个降水事件中各层土壤含水量持续增加,在降水初期这种增加尤为明显。在初期并不是只有重力作用使降水向下入渗,干燥土壤的水吸力与重力共同作用使得整个土体含水量对降雨有快速的反应,降水高效地转化成土壤水。Brooks 等认为植物只利用旱季进入雨季时段降水所补给形成的土壤水。实验地区在雨季出现了短期干旱,部分农作物甚至出现了萎蔫,但在雨后生长变为正常,可能由于土壤水势的增加,植物可能重新利用被土壤吸附的土壤水,但也可能是利用了雨季中降雨所转化的土壤水。

0830 次降水过程分为三个部分,而对土壤含水量有比较明显影响的只有第一部分和

第三部分。第一部分与 0820 相类似,较低的土壤含水量随降水过程迅速增加;第三部分剖面土壤含水量与第一次降水事件相类似。

　　图 4-2 是 2013 年监测的 4 次暴雨中土壤水分对降雨的响应过程,监测设备布设于长坡耕地地块上。限于篇幅,只对其中长坡地坡上坡位 TDR 监测下的土壤水分做详细分析。

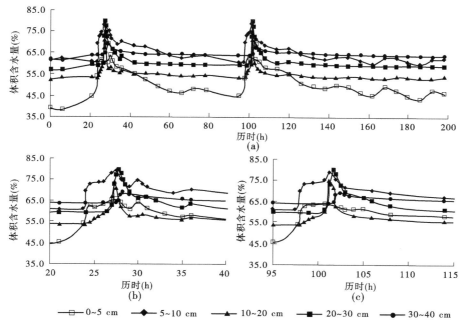

注:为便于比较各土层饱和程度,本书体积含水量是指经转化后的相对饱和含水量,下同。图(a)为整个监测
　　时段,为清晰表示出土壤水分对降雨的响应过程,图(b)和图(c)突出显示了图(a)的降雨时段同,下同。

图 4-2　0605 次、0608 次降雨影响下土壤水分的历时变化过程

　　从图 4-2、图 4-3 中可见,前三次降雨前期土壤剖面的含水量状况分布规律相似,第四次略有不同。前三次降雨前期以第一次为例,表层土壤体积含水量最低,在 45% 左右;其次是中层(10 ~ 20 cm),为 55% 左右;浅层(5 ~ 10 cm)、深层(20 ~ 30 cm)和犁底层(30 ~ 40 cm)均保持在 55% ~ 65%。考虑到土层间异质性导致的实际体积饱和含水量的差异,本章所指土壤体积含水量是标准化后的体积含水量,其值为 0 ~ 1。越接近 1,相应土层实际体积含水量越趋向饱和。

　　土壤含水量持续上升阶段,即土壤水分对降雨响应的初期阶段,各层土壤含水量对降雨的响应速度和先后次序表现出一些共同规律(第一次降雨、第二次降雨和第三次降雨的第一时段)。以第一次降雨为例:第一次降雨影响下(约 24 h 开始),表层和浅层(0 ~ 5 cm 和 5 ~ 10 cm)土壤含水量大幅度升高(从 45% ~64% 和 59% ~73%),随后增速减缓,并在中层土壤含水量显著升高后达到最大;于此同时中层(10 ~ 20 cm)土壤水分在约 2 h(24.5 ~26.5 h)的时段内从 54% 匀速上升到 60%,之后进一步加速继续上升到最大值(73%);在中层土壤含水量加速上升起,深层(20 ~ 30 cm)土壤开始响应降水,并且从一

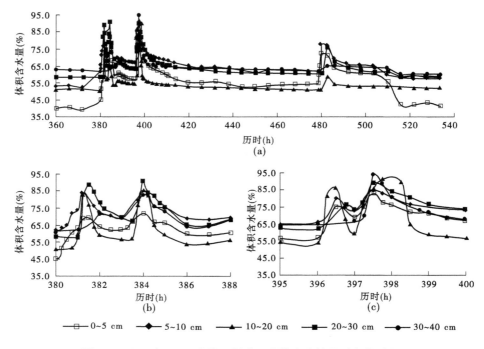

图4-3 0620次、0624次降雨影响下土壤水分的历时变化过程

开始便速度很快,几乎是和中层土壤同时快速上升到最大值(80%),此后约1 h内,处于犁底层(30~40 cm)的土壤水分也达到最大值(69%)。

上述为降雨前期土层中含水量较低的,尤其是上层水分含量低,各层间含水量差异较大情况下的特点。在土壤含水量总体较高的情况下,如第三次降雨的第二时段降雨峰值来临之时,不论是浅层的还是深层的土壤含水量均快速升高,几乎同时达到最大值,土层之间对降雨响应的滞后延迟效应并不显著;第四次降雨因时隔第三次大暴雨不久(约3 d)且期间天气一直阴沉,抑制了土壤蒸发,故各层土壤的含水量仍旧维持在较高水平,因此对第四次降雨响应类似于第三次降雨的第二时段,即各层均较为快速地响应降雨,深层土壤的响应滞后效应不明显。

总体来看,一定厚度的紫色土坡耕地土层对降雨的响应过程为:上层(0~10 cm)接受降水补给后水分含量快速上升,当达到一定水平后含水量的增速减缓,这个阶段应该以土壤颗粒的细小孔隙蓄水为主;上层土壤含水量增速的放缓使其对降水的储存能力降低,多余降水便更多地下渗到中深层(10~30 cm),致使中层含水量也逐渐升高,随着降雨峰值的来临,中层含水量会加速上升并达到最大(大孔隙也蓄水);这一时段起该层土壤便也无法储存更多水分,因此进一步向下的入渗变得明显(耕地的犁底层界面上下其渗透性具有明显的差异),同时该层积水上涨导致上层水分也开始继续增进,使得上层土壤含水量再次增加达到最大(颗粒内、颗粒间的大孔隙充水为主)。

从图4-2、图4-3体积含水量来看,在整个降雨影响下,不论降雨事件之间降雨要素的差异如何,就该测点的点尺度上来说,各层土壤出现饱和状态时间都较短,这估计和紫色土土壤结构的高渗透性有关。

土壤水分的消退可划分为雨后短时段内的快速消退阶段和之后持续较长时段的缓慢消退阶段。快速消退时间在 1 ~ 3 h,缓慢消退时段则需要 10 ~ 20 h。在快速消退阶段,含水量下降最快的是中层(20 ~ 30 cm)的土壤,其次为浅层(5 ~ 10 cm)、深层(20 ~ 30 cm)、表层(0 ~ 5 cm),最后为犁底层(30 ~ 40 cm),且犁底层在该时段迎来本层土壤含水量的峰值。各土层间水分消退快慢的先后顺序,鲜明地体现出了水分消退的微观过程:在消退期无持续降水补给的情况下,中层(20 ~ 30 cm)土壤最先失水,所失水分的部分或全部先以下渗的方式维持深层(20 ~ 30 cm)土壤较为缓慢的退水过程,然后到达犁底层(30 ~ 40 cm),在透水性能更差的犁底层产生积水进而促成该层水分含量峰值的出现。与此同时,与中层相邻的浅层(5 ~ 10 cm)土壤大孔隙中所含水分失去中层土壤水分的支撑,在重力作用下也开始下渗失水;表层土壤孔隙中的部分重力水也会类似的失水,但从失水的缓慢趋势来看,该层的重力水比例并不多。这是坡耕地雨后土壤水分消退的微观过程。

在缓慢消退阶段,总体表现为表层(0 ~ 5 cm)下降到最低,其次为下层(10 ~ 30 cm),浅层(5 ~ 10 cm)和犁底层(30 ~ 40 cm)却始终保持在相对最高的含水量水平,但浅层的不同之处是它会紧随上一层即表层土壤水分的变化而出现小幅波动。表现出这些现象当然也是受土壤剖面结构的影响。

通过实验区紫色土坡耕地土壤剖面水分对降雨的响应可以看出,不论是在水分的上涨阶段还是在消退阶段,中层土壤含水量的快涨快落是对降雨响应的最重要特点,该特点决定着整个土壤剖面对降雨的响应过程。而决定该重要特点的是紫色土坡耕地的土壤剖面结构。本书虽然未对实验小区的土壤剖面做详细的土壤结构的水文性状分析,但通过基本的各层土壤容重及孔隙度,并结合上文各土层土壤含水率对降雨的响应情况,可以肯定地做出推断:上层(0 ~ 10 cm)土壤结构均质性状况较好且有丰富的毛管孔隙;下层(10 ~ 30 cm)土壤结构异质性突出,结构中能够容纳重力水的空间大(大孔隙、根孔、虫孔等)。

从前文各土层对降雨的响应可以判断:从时间先后来看,具有异质性的紫色土坡耕地原状土壤剖面结构先发生活塞式入渗,活塞式入渗首先补给上层(0 ~ 10 cm)土壤的毛管孔隙所需的水分,而后在下层(10 ~ 30 cm)形成优先流;从土壤剖面层次来看,上层以活塞式入渗为主,下层则以优先流为主;对前期水分状况的影响而言,土壤剖面上较高的水分状况减少了降水在入渗过程中因填充毛管孔隙而引发的损耗,保证了土壤结构大的孔隙空间的流动的水量,因而促进了优先流更快地发生。

4.2　土壤剖面的土壤水氢氧同位素响应特征

图 4-4 是 2012 年 8 月 20 日降雨前、后小区尺度土壤剖面土壤水氢氧同位素丰度的对比。3 个小区雨前表层土壤水 ^{18}O 富集,沿土壤剖面向下逐渐贫化,说明蒸发作用影响整个土壤剖面并随深度增加而逐渐减弱。本次降雨量为 55.9 mm, $\delta^{18}O$ 的丰度为 $-15.58‰$,明显小于雨前的土壤水氧同位素值。雨后各层土壤受本次降雨的影响,不同深度的 $\delta^{18}O$ 有不同程度地趋于贫化,表层土壤水最为明显,随深度递减。在本次降水事件中,实验小区 1 与实验小区 2 都产生了壤中流和地下径流,所以这两个小区的土壤剖面

同位素特征不但反映了降水入渗过程,是土壤中水分的侧向运动与垂直运动的入渗共同作用的结果。由于如土壤孔隙、质地和土层厚度等土壤特征差异,在实验小区 3 没有观测到明显的产流,该小区的土壤剖面同位素可以很好地展现降雨入渗方式。前文研究成果表明,8 月 20 日降水过程中的 $\delta^{18}O$ 是逐渐贫化,从 $-14.24‰$ 降至 -17.88%。实验小区 3 剖面中 $\delta^{18}O$ 从表层($0 \sim 5$ cm)的 $-16.82‰$ 升到底层($30 \sim 40$ cm)的 $-11.11‰$,土壤剖面从上到下同位素特征很好地反映了降雨过程中的同位素随时间的变化情况。从中得到的降水入渗过程:进入土体的前期降水受后续降水的挤压作用向下运动,降水入渗过程是活塞流的模式,但有一部分土壤水并没有被降雨完全取代。

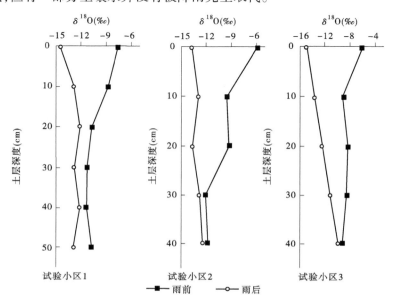

图 4-4　2012 年 8 月 20 日土壤剖面降雨前、后土壤水氧同位素变化

　　在实验小区 1、2 土壤表层($0 \sim 5$ cm)$\delta^{18}O$ 值分别为 $-14.48‰$、$-13.82‰$,较实验小区 3 富集,与实验小区 3 土壤($10 \sim 20$ cm)$\delta^{18}O$ 相似。由于土壤水采样点在坡地中部偏下处,有可能是因为来自坡地上部较深层的径流在坡下部渗出,形成回归流,造成了这种现象。在 3 个小区深层土壤($20 \sim 40$ cm)降雨前、后同位素差异不显著,但土壤含水量增大。这是因为所补给这层土壤的“新水”与“旧水”,两者中的 $\delta^{18}O$ 相一致,而运用同位素示踪水源技术要建立在各水体同位素存在差异的假定条件下。所以,在有些情况下,同位素示踪技术有一定的局限性。

　　土壤水分受降水入渗补给的过程只发生事件水和前期土壤水的同位素的混合,不发生同位素分馏现象,而植物吸水过程也不会引起同位素的分馏,但时刻发生着的蒸发作用会引起土壤水的同位素分馏,这对分析降雨入渗补给土壤水过程造成了干扰。但一些学者的研究表明,在一定条件下(空气湿度在 75% 以上,近地面风速微弱,地面覆盖度高)蒸发影响微弱,引起的同位素分馏在降水入渗补给土壤水的过程中可以忽略不计。

图 4-5 中是 2013 年选取 3 次降雨的前、中、后期 3 个时段的土壤水同位素值做 $\delta D—\delta^{18}O$ 关系,以分析研究土层土壤水分的蒸发情况。由图 4-5(a)、(b)可见,在 0606 次和 0620 次降雨中,前、中、后时段土壤水同位素值相比,沿着 GMWL 线向右上方无明显的整体性偏移,表明整个采样期间土壤蒸发并不明显。而 0624 次降雨(见图 4-5(c))中前、中期同位素值变化不明显,后期则有明显的右上方向的偏移,反映出在该次降雨的后期土壤蒸发逐渐加强。因此,就本书的三次降雨而言,在采样期间(历经约 100 h),0606 次和 0620 次降雨雨后土壤水同位素的变化主要归因于降水的入渗和产流,蒸发影响可以忽略;0624 次降雨在中期之前(45 h)蒸发影响亦可忽略,后期的变化则需考虑土壤蒸发的作用。

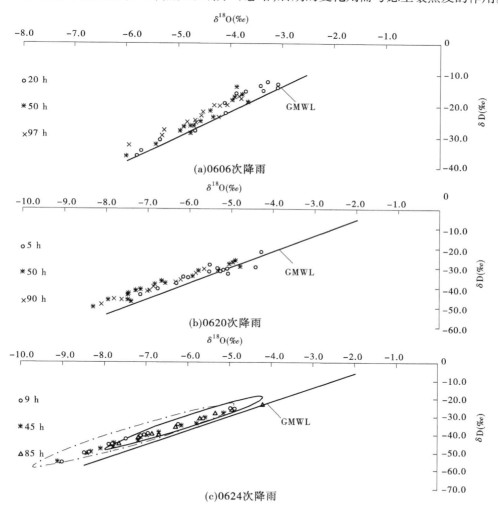

GMWL—全球平均降水线($\delta D = 8.0\delta^{18}O + 10$)

图 4-5　三次降雨雨后不同时段土壤水 $\delta D—\delta^{18}O$ 关系

土壤水 ^{18}O 同位素的变化特征如图 4-6 的 0605 次降雨事件,降雨过程中同位素表现出逐渐贫化的过程,值从 $-0.63‰$ 逐步贫化至 $-6.4‰$,整场降雨同位素累计权重为

－4.7‰。前期土壤水 $\delta^{18}O$ 值范围为 －6‰～2‰，土壤水 $\delta^{18}O$ 同位素在土壤剖面的深层到浅层方向、坡位从下部到上部方向表现出逐渐增加的趋势。图 4-6 表明，雨后土壤受到雨水下渗影响，上、中、下坡位的各土层间土壤水 $\delta^{18}O$ 值均表现出从雨前分散到雨后逐渐向本次降雨同位素累计加权值汇集的总体趋势，呈现出土壤中前期水分和该次降雨事件水逐渐混合的过程，该过程历时约 90 h。以降雨开始后 50 h 为界，该过程又可明显地分为两阶段。前一阶段土层间同位素值差异依旧较为明显，主要原因应该是下渗速度缓慢；相较于雨后 26 h、39 h 各土层土壤水 ^{18}O 同位素值，雨后 14 h 多数土层（尤其是 0～5 cm、5～10 cm、10～20 cm 浅土层）的值均更接近雨水同位素。在后一阶段历时约 50 h 的过程中，由于翻耕不久土层较为疏松多孔且尚处于苗期的玉米作物不能对地面形成有效覆盖，因而随着雨天过后的土壤蒸发逐渐加强，土壤水在毛细管力作用下垂向向上运动突出，进而加速了同位素在剖面上的混合，故速度较之前一阶段变快。

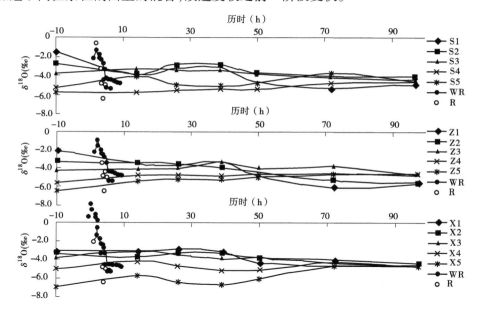

注：S—上坡位，Z—中坡位，X—下坡位；1～5—0～5 cm、5～10 cm、10～20 cm、20～30 cm、30～40 cm；
　　WR—累计降雨同位素比率的权重值；R—降雨同位素比率过程值。图中以降雨开始为零点，下同

图 4-6　0605 次降雨事件土壤水同位素时程变化

相较于 0605 次降雨，0620 次降雨 ^{18}O 同位素随降雨历时的贫化现象不明显，其值保持在 －10.8‰～－8.5‰，前期土壤水 ^{18}O 同位素值为 －6.4‰～－1.2‰，二者具有明显的差异（见图 4-7）。本次降雨分两阶段，历时分别为 14 h、3.5 h。从图 4-7 可见，经过短历时（5 h）降雨（2.5 h，4 mm）后，上坡位 0～5 cm、5～10 cm、10～20 cm，中坡位 0～5 cm、5～10 cm 和下坡位 0～5 cm、5～10 cm 土层深度上其值均偏向降雨同位素值，其中上坡位受影响的土层深度最深，而下坡位偏向降雨同位素值的幅度最小；这表明浅层（0～20 cm）土壤水 ^{18}O 同位素快速响应降雨，且上坡位响应最敏感，中坡位次之，下坡位最迟钝，这是因为剖面土壤容重和前期水分含量影响了降雨入渗。在历时 7 h、雨量 70 mm、最大雨强 27 mm/h 的降雨过程中，上坡位的浅层（0～20 cm）、中坡位和下坡位的各土层土壤水 ^{18}O

同位素丰度由接近前期值($-5.68‰ \sim -1.22‰$)到逼近降雨同位素值($-10.8‰ \sim$ $-8.5‰$,10 h,14 h),再经降雨减弱直到雨停的 $5 \sim 8$ h 内其值($-7.55‰ \sim -4.63‰$,22 h)回升的变化过程,表明降雨在土层中快速下渗积累,并又以较快速度输出土体,输出途径可能是进入母岩层形成浅层地下径流或在包气带蓄满后产生壤中流。

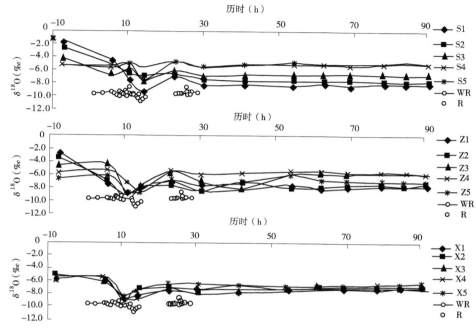

图 4-7　0620 次降雨事件土壤水同位素时程变化

0624 次降雨全程历时为 5.5 h,降雨过程^{18}O 同位素丰度变化大($-11.97‰ \sim$ 4.89‰)(见图 4-8)。因雨量(23.6 mm)、雨强(8.2 mm/h)较小,故对土壤水^{18}O 同位素影响较小,影响主要在 $0 \sim 20$ cm 的浅层土壤中;受 0620 次前期降雨的影响,前期土壤水分含量较高,因而在中坡位的 $10 \sim 20$ cm 土层^{18}O 同位素出现了明显的波动,可能与耕层土壤中局部短历时侧向壤中流有关。

0620 次降雨事件以阵雨开始(2 时 30 分至 3 时,雨量 4 mm),5 h 后强降雨来临。相较于各土层的前期土壤水^{18}O 同位素值($-4.98‰ \sim -2.56‰$,$0 \sim 10$ cm；$-6.38‰ \sim$ $-4.36‰$,$10 \sim 40$ cm),受阵雨影响后 $0 \sim 5$ cm、$5 \sim 10$ cm 的浅层土壤水同位素值($-7.17‰ \sim -6.13‰$)趋向雨水同位素值,而 $20 \sim 40$ cm 的较深层其值($-6.06‰ \sim$ $-4.26‰$)反而略高于前期土壤水;在 10 h 时段内同样且更鲜明的情况出现在上坡位,这表明浅层土壤中"新水"比例增大,部分前期水分下移至深层土壤中,发生了活塞流现象。国内外一些学者的研究中也观察到该现象,并对其进行了描述:土壤中静态水被活动的水以活塞运动的形式逐渐驱替。在上坡位活塞流现象滞后于中坡位和下坡位发生,可能与前期土壤含水量有关:前期含水量较低时,刚进入土壤的雨水直接充填孔隙;而含水量较高时,土壤孔隙中已经被一定体积的水分占据,进入的具有足够动能的雨水即刻"驱赶"该部分水分而呈现活塞流现象。对比 0620 次降雨 $5 \sim 14$ h 时段降雨前、后土壤水^{18}O 同

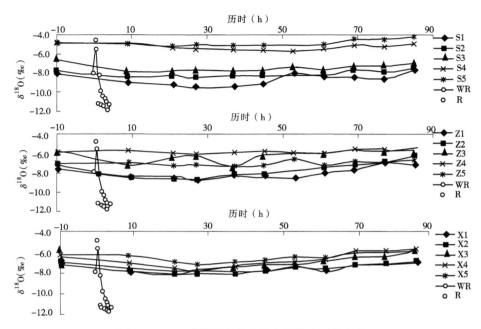

图4-8　0624次降雨事件土壤水同位素时程变化

位素值(前高后低,见图4-9)可知,一部分前期土壤水在雨水下渗过程中被"携带"而参与到母岩入渗或产生侧向流等下一阶段的水文过程,但仍有相当比例(约占40%)的前期土壤水仍旧存留在土壤中,这也证明了包气带溶质运移研究中"不流动水"的存在,不流动水包括薄膜水、盲端孔隙水、团聚体内部水和远离流动区的水等。根据上述观察到的经过大雨后仍有相当比例的前期土壤水存在这一现象而言,倘若活塞流机制作用认为被驱替的水分是全部前期水分,则并不完全符合客观情况。根据包气带内水流特征,包气带孔隙介质被分为可动区与不动区。本书分析认为,活塞流机制描述的是可动区中流动水的垂向运动,而不流动水并没有以活塞流的形式输出。不流动水处于相对稳定的状态,更新较为缓慢,最终可能经扩散与可动区水分发生置换后,再以根系吸收、蒸发或被下一次活塞流等诸多方式输出。

坡面土壤水分运动与汇流比较坡位间降雨影响下的 $\delta^{18}O$ 变化幅度(见图4-2、图4-3),可以发现,土层间的差异在上坡位最大、中坡位次之、下坡位最小。降雨结束后上坡位各土层水分 $\delta^{18}O$ 基本处于相对的稳态,时程上无明显变化;而中坡位除30~40 cm土层 ^{18}O 同位素处于稳态外,0~30 cm水分 $\delta^{18}O$ 经历一段时间的波动,即30~70 h;下坡位各层之间均比较稳定且彼此间差异越来越小,这反映了坡地水文过程的时空异质性特征。在空间上,坡地的上部由于汇水面积小,降雨过程中主要以入渗为主,且因地势相对较高、土质相对疏松而导水性好,无长时间的水分滞留,故经历降雨事件水与前期土壤水分的充分混合后水分便不再发生变化;坡中和坡下不仅存在降雨的就地入渗,还不断有汇聚的上方来水的沿程下渗,且地表径流的水源也并非全部来自降雨,因而其同位素值在产流期间可能会存在变化,持久且不断变化的水源致使这两处坡位的土壤水分 $\delta^{18}O$ 存在较小但历时更长的变化,对于下坡位而言甚至会因地势低洼而产生积水。同时,进一步发

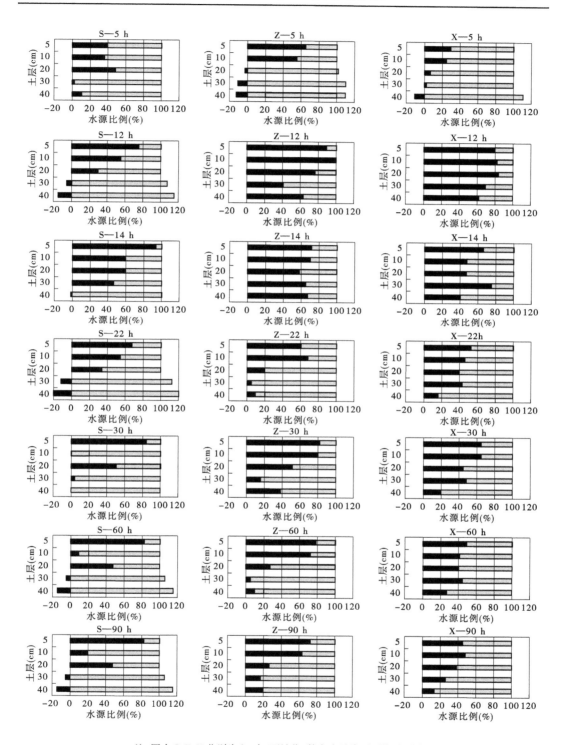

注:图中 S、Z、X 分别为上、中、下坡位,数字表示降雨开始后历时

图 4-9　0620 次降雨土壤水分水源比例的时程变化

现,坡中位 0 ~ 5 cm 土壤水分 $\delta^{18}O$ 值在 30 h 后趋于平稳后,在 5 ~ 10 cm、10 ~ 20 cm 土层却仍旧处于波动状态,这表明有壤中流的存在,且雨后持续时间达 20 ~ 40 h。坡面尺度土壤水的侧向运动对土壤含水率上升阶段的影响不可忽视,其影响对于降雨径流物理过程、地表水和地下水互动过程描述及准确模拟十分重要。

降雨影响下的土壤水分转化影响着化学物迁移和归宿的物理和化学过程,关系到溶质迁移模型和非点源污染机制模型中混合层深度这一重要概念的界定。观察 3 次降雨中土壤剖面上 $\delta^{18}O$ 值的时程变化可知,0 ~ 20 cm 的浅层土壤受降雨影响同位素值变化强烈;20 ~ 40 cm 的较深土层上,从上坡位到下坡位,其值由稳定逐渐变得活跃,这反映出降雨对土壤剖面水分运动影响的深度效应和坡位效应。

(1)深度效应总体讲,浅层 0 ~ 10 cm 受降雨的影响氢氧同位素变化剧烈,但历时短,仅在降雨过程中出现;而 10 ~ 30 cm 的不仅在降雨过程中受影响明显,而且在雨后还会因上方来水的补给而发生持续变化。30 ~ 40 cm 在降雨结束后随即趋于稳定。Zhao 等该地区的研究表明,0 ~ 5 cm 土层前期水分受降雨影响贮留时间最短,10 ~ 20 cm 贮留最久。本实验中上坡位结果与之类似,中、下坡位则不同,这显然是点尺度与坡面尺度的差异。活跃程度在剖面的变化可能有以下原因:一是表层 0 ~ 5 cm 是接受降雨溅蚀的承受者,降雨动能的作用使土壤结构间的水分能够经历充分的交换,而较深层土壤只能接收入渗及侧向来水,水分动能不足以使之进行充分的交换;二是土壤容重在剖面上呈现逐渐增大的趋势,这显著地影响着水分的入渗性能。

(2)坡位效应受降雨量和土壤前期含水量影响,0620 次、0624 次降雨表现明显。坡位效应的实质是降雨就地入渗和产流的沿程下渗在坡向上影响的此消彼减。在整个降雨事件历程中,上坡位土壤水分变化一直受到雨水下渗作用的主导,沿坡面向下汇水面积逐渐变大,坡面逐渐汇水产流,此时降雨就地入渗开始减弱,径流的沿程下渗影响变大,越靠下坡位该影响越突出,其影响甚至超过雨水的就地入渗作用。这种径流沿程入渗对地表径流过程线的起涨、降落阶段以及坡面霍顿超渗产流均具有重要影响。

4.3　量化降雨补给效率

由于实验小区 1 的水分探针故障,首先只结合 2012 年实验小区 2 和实验小区 3 的数据进行降雨补给效率的分析。7 月 22 日降雨后实验小区 2 和实验小区 3 土壤含水量分别增加了 2.84% 和 2.34%,8 月 20 日降雨 2 个小区的土壤水含量增加分别为 12.79% 和 10.11%,8 月 30 日增加分别为 4.71% 和 7.34%。雨后的土壤水测定时间在各小区停止产流后代表了降雨实际增加的土壤水量。各小区停止产流时整个土体均值体积含水量为 27.0%,认为是田间持水量。三次降雨降雨量都达 40 mm 以上,前期土壤水含量第一次降雨 > 第三次降雨 > 第二次降雨,而土壤水的增加量为第二次 > 第三次 > 第一次,说明在较大的降雨量情况下,降雨转化为土壤水的效率只与前期土壤水含量相关。

降雨补给土壤水的量并不仅仅是土壤含水量增加的那些水量,有一部分土壤水进入了径流,而降雨取代了原土壤水,使土壤水库得到了更新。利用同位素分割水源的方法,计算雨后土壤水中前期土壤水和降雨所占的比例得出,实验小区 2 三次降雨雨后土壤水中本次降雨所占的比例分别为 42.0%、47.5% 和 59.6%,分别有 35.4%、2.0% 和 51.3% 的原土壤水被替换。第二次被替换土壤水最小的原因可能是前期土壤水含量很少,第三次被替换土壤水较多的原因可能是此次降雨雨强较小,降雨缓慢向下入渗,把原土壤水推挤出了土体。研究表明,低雨强有利于降雨对土壤水的补给,但低降雨下土壤水容易被降雨所取代。

同位素分割水源模型的前提假设条件之一是各水源间同位素差异明显,且事件水同位素无时空变化(可用常数表示)。本书虽对降雨过程中不断变化的同位素值做了加权平均常数化处理,但由于 0605 次和 0624 次的值变化大,刻意采用加权值参与计算势必造成结果的较大偏差,为了进一步明确土壤水的补给特征,我们对利用数据较完整和土壤水和降水同位素变化较为理想的 2013 年 0620 次降雨影响下的土壤水进行了水源划分,展示利用水源分割对土壤水运动规律有何新的认识。该次土壤水的剖面水源比例及时程变化见图 4-9,限于篇幅雨后时段仅对 30 h、60 h、90 h 时段作图示。

水源比例变化前期土壤水环境中的溶质可能处于平衡状态,而雨水的输入可能因为带来新的化学物质而增加额外的地球化学反应,尤其是前期水分—事件雨水的相互作用会强烈地影响养分和污染物通过包气带进入地下水的输移和衰减特征,因此定性定量地描述水源变化对于阐明产流与污染物迁移机制具有重要意义。图 4-9 表明,降雨事件的前期阶段,土壤水的氧同位素在上、中、下坡位呈现较为一致的变化趋势(仅上坡位趋势略延后于中、下坡位)。在 12 h 时段以前,0~20 cm 的浅层土壤“新水”比例为 10.3%~65.6%,其中上坡位的 10~20 cm 事件雨水比例(50.4%)高于 0~10 cm 土层(38.7%)的,表明有优先流现象发生。中、下坡位 20~40 cm 深层“前期水分”比例增加,表明发生了活塞流现象,上坡位随后也出现了该现象(12 h)。降雨中期(12 h)到结束(22 h 以前),上坡位各层土壤水分中事件雨水比例逐渐增加,最高时达到 90% 以上(14 h、0~5 cm),在 22 h 因再次出现活塞流现象而使深层“前期水分”比例增加;中、下坡位事件雨水比例却呈现减少趋势,从最高时期(12 h)的 80.6%~105.1% 减少到 48.3%~70.9%(14 h),这是因为降雨中后期在坡地的中、下坡位产生了地表径流和壤中流,径流中源自上方来水中混合的前期水分通过沿程下渗补给而再次增加了本坡位的前期水分比例。降雨结束后的 30~90 h 内,上坡位土壤水水源比例趋于稳定,0~5 cm、10~20 cm 的浅层土壤事件雨水比例分别保持在 80.6%、50.4% 左右,而 5~10 cm 土壤所含事件雨水却低于二者,不足 20%,这一现象却难以解释;相较于时程变化上浅层比较稳定的水源比例,20~40 cm 深层土壤中的事件雨水比例却很小。在坡中、坡下部位,浅层和深层土壤水源变化趋势总体一致,即 0~10 cm 浅层土壤事件雨水占到 60.2%~80.3%(30 h),20~40 cm 较深土层事件雨水占到 50% 以下(30 h),随着时间的推移,事件雨水比例分别下降到 50.5%~70.4%(0~10 cm、90 h)和 30% 以下(20~40 cm、90 h)。同时对应土层的前期水分比例回升,这与国外学者利用溴化物开展的沙柱示踪短历时条件下“新水”“旧水”相互作用实验研究结果相似,并认为活塞流机制的发生与前期含水量有关。“新水”(事件雨水)逐渐输出、“旧水”(前期水分)比例增大这一现象的可能原因是:在土壤中,事件雨水属于易活动水,而“旧水”中不易活动水含量较多,因此在水分输出时事件雨水优先参与下渗、径流、蒸腾、蒸发等途径输出,致使较难活动的水分比例反升。

4.4　两种土壤水采集方法中的氢氧同位素特征

　　图 4-10 为两种土壤水采集方法采集到的土壤水中氢氧同位素特征。图 4-10(a)为采集土壤经过低温真空蒸馏提取所得到的土壤水,为抽提水;图 4-10(b)为利用布置在实验小区陶土管直接抽取所得到的土壤水,为陶土管水,两种方法采集的土壤水中的氢氧同位素有较大的差异。抽提水中 $\delta^{18}O$ 值变化范围为 $-12.05‰ \sim -5.55‰$,δD 值变化范围为 $-93.01‰ \sim -45.60‰$,较集中分布。抽提水中 δD 值 $\delta^{18}O$ 贫化,分布在 GMWL 两侧,大部分位于 GMWL 之下。陶土管水中 $\delta^{18}O$ 值变化范围为 $-12.15‰ \sim -5.09‰$,δD 值变化范围为 $-93.34‰ \sim -38.34‰$。陶土管水中 δD 和 $\delta^{18}O$ 较抽提水富集,全部在 GMWL 之下,沿 GMWL 分散分布。

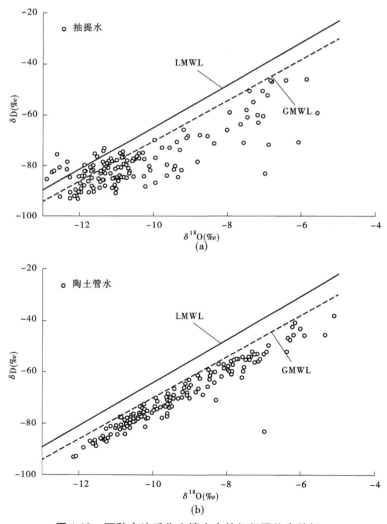

图 4-10　两种方法采集土壤水中的氢氧同位素特征

　　陶土管所收集的水是土壤中的活动水,而抽提方法获得的土壤水中除了活动水,还含有被土壤所吸附的不动水。造成两种收集土壤水中 δD 和 $\delta^{18}O$ 不同的原因是,前期存在于土壤中的水分受到蒸发影响,而在降雨入渗过程中相对存在于大孔隙的活动水与土壤基质所吸附的不动水并没有充分混合。Brooks 在对美国森林小流域的土壤水研究中也发现了类似的现象,并认为这部分固定在土壤中的不动水主要来自于经历干旱后雨季的第一场较大的降雨,这部分水并不与后来入渗到土壤中的降雨混合,但是却是植物利用的主要水源。王涛等所做的室内土壤 – 水混合同位素变化实验得出,土壤水与输入水在搅拌条件下最快能在 0.5 ~ 1 h 达到同位素平衡,即土壤所固定的那部分水与“新水”会发生交换,但这些交换在自然情况下很难完成,进一步佐证了 Brooks 的观点。

　　目前认为降水入渗方式有两种,活塞式和捷径式(优先流)。活塞式入渗是 Bodman 等在 1943 年对均质砂土进行室内入渗模拟实验的基础上提出的。该入渗方式是入渗水的湿润锋面整体向下推进,犹如活塞流的推移,因此称为活塞式入渗。其特点就是较新的降水入渗推动其下较老的降水,始终是“老”水先行。在砂质土壤中主要为活塞式下渗。

　　优先流式入渗在黏性土壤中比较普遍。黏性土除粒间孔隙和颗粒集合体内及颗粒间的孔隙外,还存在根孔、虫孔与裂缝等大的孔隙通道。当降水强度较大,细小孔隙来不及吸收全部水量时,一部分降水沿着渗透性良好的大孔隙通道优先快速下渗,并沿着下渗通道水分向细小孔隙扩散。捷径式入渗时新降水可以超过前期降水优先到达更深土层。同时入渗不必全部补充包气带的水分亏缺,即可下渗补给地下水。在黏性土中也有可能活塞式下渗和捷径式下渗同时发生,通常捷径式下渗优先于活塞式下渗。

　　和水库调节地表径流一样,包气带对降水入渗补给过程具有调节作用,使得降水入渗补给过程明显地滞后于降水过程。该现象即降水入渗补给的滞后延迟效应。入渗之后延迟补给特征与调节库容大小关系密切。包气带越厚、渗透性能越大、地下水埋深越大,则调节库容越大,调节功能就越强,入渗补给延迟现象也就越明显。

4.5　小　结

　　(1)雨前土壤剖面,表层(0 ~ 5 cm)土壤含水量最小,耕层(10 ~ 20 cm)最大。降雨过程中表层(0 ~ 10 cm)土壤含水量随雨强变化发生及时性变化,土壤含水量随雨强变化的趋势为随土壤深度增加而减弱。紫色土耕地对土壤水分对降雨的响应的微观过程可以划分为三个阶段——土壤含水量的快速上升期、快速消退期和缓慢消退期。从点尺度上来说,因为紫色土土壤结构的高渗透性,各不同深度层的土壤很难出现饱和状态,且深度越浅,越难饱和。在快速上升期和快速消退期,点尺度上土壤剖面 10 ~ 30 cm 土层的体积含水量最先达到最大和最先消退,是紫色土坡耕地土壤层(0 ~ 40 cm)响应降雨的核心特点,该特点决定了上层(0 ~ 10 cm)和下层(30 ~ 40 cm)土壤水分的上涨和消退特点。这一特点是由紫色土耕地土壤剖面结构决定的。

　　(2)土壤水分响应降雨的同位素信息紫色土坡耕地土壤水分的再分布从强烈地受到雨水入渗到坡面汇水产流再到水分消退并逐渐趋稳的过程,历时 40 ~ 50 h,坡位越低则历时越久。0620 次降雨雨后土壤事件雨水比例 0 ~ 20 cm、30 ~ 40 cm 土层分别为 38.8% ~

70.3%、7.5~15.2%,且随着时间推移总体呈下降趋势,到 90 h 相应为 37.5%~66.9%、6.4%~12.5%;事件雨水的输出导致前期水分比例反升。活塞流现象发生时段的土壤剖面中前期土壤水难以被全部驱替,反映出活塞流机制描述的是可动区中流动水的垂向运动,而不流动水并没有以活塞流的形式输出。土壤水分对降雨的影响表现出深度效应和坡位效应,这反映出坡面水文过程的影响对土壤水分垂向运动的重要性。

（3）降水入渗方式。从时间先后来看,具有异质性的紫色土坡耕地原状土壤剖面结构先发生活塞式入渗,活塞式入渗首先补给上层（0~10 cm）土壤的毛管孔隙所需的水分,而后在中深层（10~30 cm）形成优先流;从土壤剖面层次来看,上层以活塞式入渗为主,下层则以优先流为主;从前期水分状况的影响而言,土壤剖面上较高的水分状况减少了降水在入渗过程中因填充毛管孔隙而引发的损耗,保证了土壤结构大的孔隙空间流动的水量,因而促进了优先流更快地发生。

（4）在降水量较大的情况下,降雨补给土壤水的效率与前期土壤含水量相关,随前期土壤含水量的增加,降雨补给土壤水的效率降低;在前期土壤含水量和降雨量较大时,低雨强增加不了降雨补给土壤水的效率,反而在低雨强下土壤水更容易被降雨更新取代。

（5）陶土管法和真空提取法所得到的土壤水 $\delta^{18}O$ 和 δD 有较大的差异,陶土管水主要是土壤中可以自由活动的水,在降雨过程中,降雨占了很大比重,所以陶土管水 $\delta^{18}O$ 和 δD 沿 GMWL 分散分布。抽提水包括土壤中可以自由活动的水和被土壤固定住的水,受降雨的影响小,所以抽提水中的 $\delta^{18}O$ 和 δD 含量较为集中,受蒸发影响偏离 GMWL。

第 5 章　紫色土丘陵区坡地径流过程

　　紫色土坡地产流机制的研究对于水资源高效利用、面源污染控制等具有重要意义。因此,关于紫色土坡地径流的研究开展较多,多集中于不同植被覆盖、不同土层厚度、不同耕作方式下坡地径流特征的定性描述,对坡地产流机制的深入探讨还相对较少,仅有的一些研究多是基于人工降雨模拟实验。本章利用传统土壤水文学方法与稳定性氢氧同位素示踪技术相结合,通过自然降雨条件下坡地径流水文过程原位监测,示踪地表径流、壤中流与地下径流水分来源,从坡地径流水源的角度去阐明紫色土坡地产流机制,加强对坡地水文循环过程的了解,为更好地防治坡地径流所造成的土壤侵蚀与农业非点源污染提供科学依据。

5.1　小区尺度坡地径流水文过程特征

5.1.1　小区不同水文路径径流过程线

　　研究选取三个耕作方式、地表覆盖、土壤类型基本相同的能够同时观测地表径流、壤中流和地下径流的实验小区做重复实验。三次降水过程中三个实验小区坡地径流的水文过程特征如图 5-1 所示。研究发现,3 个实验小区在同次降雨中产流状况差别很大:实验小区 1 坡地径流以壤中流与地下径流为主要方式,两者在径流中所占的比例地下径流略小,而实验小区 2、实验小区 3 以地下径流为主要的径流方式,其中实验小区 3 不易产流,其土层相对实验小区 1、实验小区 2 要厚 10 cm。可见,土层厚度对土壤蓄水和产流具有重要影响。由于有玉米的植被覆盖,3 个实验小区在三次降雨—径流中几乎不或很少产生地表径流。虽然各小区间产流方式存在较大的差异,但各个小区对不同降雨事件表现基本一致,小区间产流方式的差异可能是由土壤质地、土层厚度所决定的。地下径流是指地下有饱和水面的径流,紫色土区在很薄的土层和泥页岩层下有一层紫色砂岩相对不透水层,为地下径流的形成创造了条件。所以,总体来讲,在该地区常规耕作条件下有玉米覆盖的缓坡耕地坡地径流以地面下径流为主。

　　各实验小区不但在产流方式上有一定差异,在径流流量上也存在明显的不同。7 月 22 日、8 月 20 日和 8 月 30 日的总径流量实验小区 1 分别为 0.43 m³、0.065 m³ 和 0.068 m³,实验小区 2 分别为 1.16 m³、0.28 m³ 和 0.73 m³,实验小区 3 分别为 0.48 m³、0 和 0.065 m³。产流量与降雨量、降雨强度、前期土壤含水量、土壤结构等影响因子有关。实验研究发现,产流量与前期土壤含水量的相关关系最为显著。三次降雨量分别为 43.4 mm、55.9 mm 和 51.1 mm,前期土壤体积含水量分别为 26.2%、14.2% 和 21.4%(土壤剖面各层土壤含水量加权值)。由于第一次降雨事件前期土壤含水量很高,接近饱和,在各个小区所造成的坡地径流总量也最大。第二次降雨事件前期该地区出现了短暂的干旱,

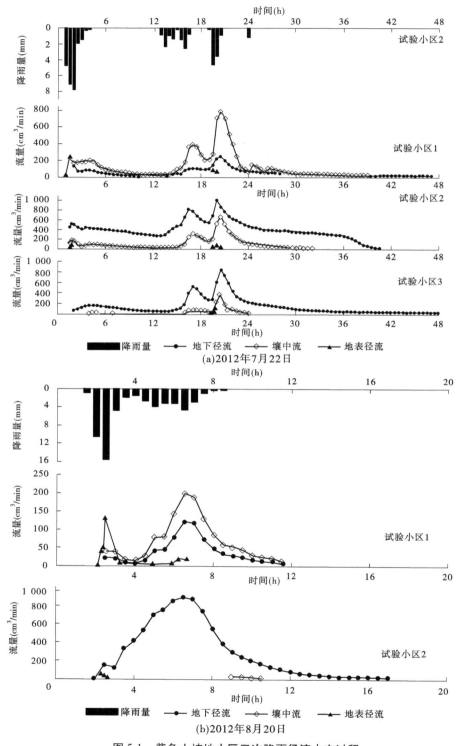

图 5-1　紫色土坡地小区三次降雨径流水文过程

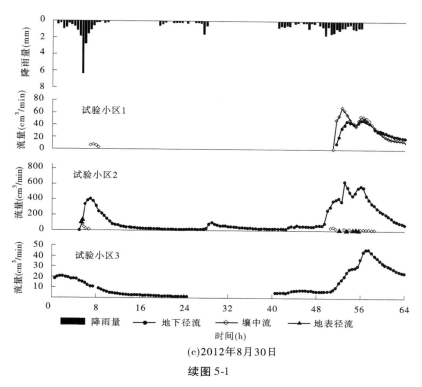

(c)2012年8月30日

续图 5-1

前期土壤含水量最低,小区内的部分玉米出现了萎蔫的现象,虽然本次降雨量为三次实验最大、雨强也最高,但各小区三次径流中流量最小,实验小区 3 甚至没有产流。第三次降雨量和前期土壤含水量介于前两次降雨—径流事件之间,每个实验小区产流量也介于同实验小区前两次。3 个实验小区间径流量也有很大差别,以地下径流为主的实验小区 2 径流量最大,其次是实验小区 1,最小的为实验小区 3。以下分别对三次降雨过程各小区坡地径流进行描述。

　　7 月 22 日 13:50 开始降雨,降雨初期雨强较大,最大达 14.9 mm/h,在最大雨强出现的同时,实验小区 1、2 产生地表径流,应属于超渗产流。在降雨持续半个小时后,降雨累计量达 11.8 mm 时,实验小区 1、2 壤中流、地下径流相继产流,其中地下径流略早于壤中流,实验小区 3 开始产生地下径流,而实验小区 3 的壤中流在 16:45 才开始产流。产流初期径流量很大,由于产流后不久降雨就马上变小并逐级停止,各实验小区径流量在初期达到最大值后开始减小。在产流 12 h 后除实验小区 2 的地下径流量还维持在较高的水平外,其他小区径流量极小或几乎停止。由于土壤前期含水量较高,所以 7 月 23 日 3 个小区都产生了很大的径流。各实验小区壤中流过程线为呈急涨急跌的形状,地下径流过程线为急涨缓跌,退水历时长。各实验小区径流流量随雨强变化出现两个峰值,流量峰值稍晚于雨强峰值。其中,实验小区 1 壤中流、地下径流最大流量分别为 786.6 cm³/min、250.7 cm³/min,实验小区 2 为 675.2 cm³/min、1 014.9 cm³/min,实验小区 3 为 380.1 cm³/min、849.4 cm³/min。

　　8 月 20 日降雨之前的 1 个月累计降雨量仅为 8.6 mm,该地区历年 8 月降雨量都很少,在雨季出现短暂性干旱,属于常见的气候状况。该次降雨—径流过程历时降雨量、降雨强度为三次最大,但径流过程历时最短、径流量最小。降雨开始于8月20日04:00,降雨1.5 h后,累计降雨量为26.8 mm后实验小区1开始产生壤中流、地下径流,地下径流产流早于壤中流;实验小区2开始产生地下径流,前期降雨主要用于补给土壤以及产生少量地表径流。在此次降雨事件中,实验小区3仅产生少量地表径流。

8月30日降雨事件中,三个小区有较大的差别。降雨开始时间为08:00,前期土壤含水量不高,前期降雨主要补给土壤并未产流。最大雨强过后,实验小区1产生少量壤中流,实验小区2开始产生地下径流,快速到最大值后缓慢回落。由于8月29日晚间有少量降雨,造成了实验小区3产生地下径流。8月31日中午有少量降雨,雨强较小,停止产流的小区并未重新产生径流,但造成了一直在产流的实验小区2地下径流流量的增加。少量降雨或低雨强可能并不能启动坡地径流,但能够影响已经开始产流的径流量。9月1日开始的降雨与第一次各小区降雨—径流过程相类似。

李军健对紫色土旱坡地径流小区的研究表明,雨量及雨强的增大易形成坡面不饱和径流,不利于降水向坡地土壤水分的转化。王玉霞通过实验得出,在一定容重与积水深度条件下,随初始含水量的增加,紫色土初始入渗率显著减小,达到稳定入渗速率的时间缩短,最终达到的稳定入渗率也在减小。雨量、雨强和前期土壤含水量是影响降雨向土壤水转化的重要因子,也是降雨坡地产流的重要影响因素。在本实验中,前期土壤含水量对壤中流、地下径流的产流有显著影响,雨强是产生地表径流的决定性因素。罗专溪等对与本研究相同径流小区整体玉米季的坡耕地水量平衡的研究认为,地表径流是玉米播种—拔节初期径流的唯一支出方式,坡耕地玉米生长期水量的主要支出项为农田蒸散量、壤中流。即在没有植被覆盖或植被覆盖很低的情况下,坡地径流以地表径流为主,而植被覆盖较好的紫色土缓坡耕地坡地径流以地面下径流为主。本书所采集的三次降雨—径流事件都处在玉米生长季,所以坡地产流都以地面下径流为主。植被覆盖也是影响坡地产流方式的重要影响因素。

5.1.2　小区径流水源同位素特征

前期土壤水、降雨和径流过程中的$\delta^{18}O$值见表5-1。前期土壤水与降雨两个水体中的$\delta^{18}O$差异显著,这是利用氢氧同位素示踪技术的水源的基本条件。在每个小区分层采集前期土壤水,并测定体积含水量。同一土层不同小区间$\delta^{18}O$差异较小,不同土层间$\delta^{18}O$差异明显。依据土壤含水量为权重计算得到土壤水$\delta^{18}O$均值,用来代表整个土体的前期土壤水$\delta^{18}O$。由于降雨中的$\delta^{18}O$在时空上存在差异,有些学者对利用同位素技术分割径流的方法提出了质疑。在本实验中坡地面积仅32 m²,几乎不存在降雨$\delta^{18}O$在空间上的差异。三次降雨过程中雨水中$\delta^{18}O$变化幅度分别达到了5.34‰、4.32‰和10.07‰,在时间序列上的差异明显。本书通过以下计算方法最大程度地消除这种不利因素:

$$\delta^{18}O = X\delta^{18}O_s + (1 - X)\delta^{18}O_p(t)$$

$$\delta^{18}O_p(t) = \sum \delta^{18}O_{pt} \cdot Q_t$$

式中:$\delta^{18}O_{pt}$为t时段降雨中的$\delta^{18}O$;Q_t为对应时段的降雨量;$\delta^{18}O_p(t)$为t时刻之前根据降雨量加权平均所得到的$\delta^{18}O$。

因为 t 时刻之后的降雨不会参加 t 时刻之前的径流,而输出实验小区的径流量较降雨的出入量极小, t 时刻径流是 t 时刻之前的降雨混合样的共同作用。

表 5-1 3 次产流过程各水源和径流中的 $\delta^{18}O$ 值

日期	样品	前期土壤水	降雨	地表径流	壤中流	地下径流
7 月 22 日	$\delta^{18}O$ 均值(‰)	−7.13	−10.48			
	$\delta^{18}O$ 最大值(‰)	—	−8.18	−7.75	−7.88	−7.58
	$\delta^{18}O$ 最小值(‰)	—	−13.52	−13.20	−10.53	−10.34
8 月 20 日	$\delta^{18}O$ 均值(‰)	−9.72	−15.66			
	$\delta^{18}O$ 最大值(‰)	−6.06	−13.56	−16.67	−11.28	−9.69
	$\delta^{18}O$ 最小值(‰)	−12.25	−17.88	−14.32	−12.76	−12.01
8 月 30 日	$\delta^{18}O$ 均值(‰)	−11.18	−9.05			
	$\delta^{18}O$ 最大值(‰)	−9.33	−5.18	−5.45	−6.88	−6.82
	$\delta^{18}O$ 最小值(‰)	−12.80	−15.25	−11.90	−11.19	−10.48

在每次降雨—径流过程中,地表径流中 $\delta^{18}O$ 含量变化最大,其 $\delta^{18}O$ 与它产生时的降雨 $\delta^{18}O$ 基本相同,说明地表径流的主要水源来自降雨。壤中流、地下径流中的 $\delta^{18}O$ 介于前期土壤水与降雨之间,是这两种水体混合的结果。壤中流、地下径流 $\delta^{18}O$ 在径流过程中的变化较小,同次降雨事件中,小区间有较大的差别。其中,实验小区 1、3 在径流过程中壤中流、地下径流 $\delta^{18}O$ 变幅较小,而实验小区 2 较大。

3 个实验小区在各径流过程中本次降雨与前期土壤水所占比例随径流过程变化趋势相一致,本书仅以实验小区 1 为例。图 5-2 为利用 $\delta^{18}O$ 分割 3 次降雨—径流过程中,实验

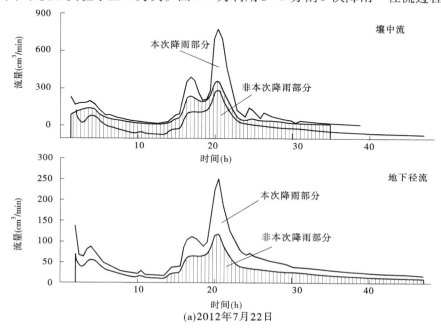

(a)2012 年 7 月 22 日

图 5-2 1 号坡地小区 3 次降雨—径流过程水源比例划分

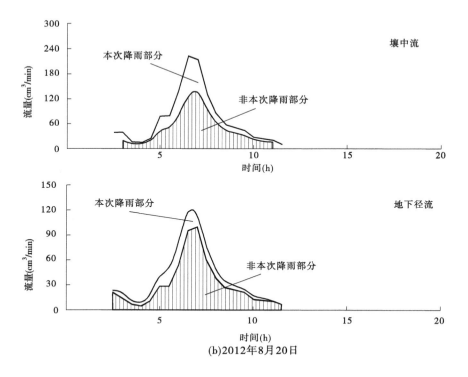

(b)2012年8月20日

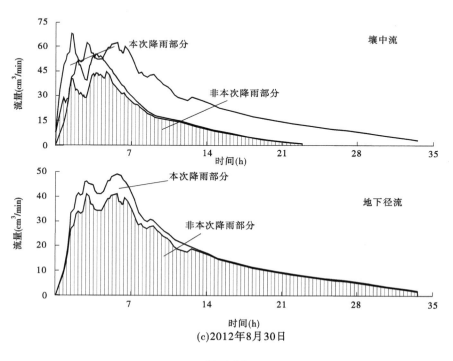

(c)2012年8月30日

续图5-2

小区 1 本次降雨与前期土壤水在壤中流、地下径流中所占的比例随径流过程的变化(注：由于 8 月 30 日降雨在实验小区 1 的产流极少,所以用 9 月 1 日开始降雨时的时间作为起始时间,前期土壤水采集时间为 8 月 31 日,第三次降雨—径流过程实为 9 月 1 日)。前期土壤水为壤中流、地下径流的主要水源,3 次降雨—径流过程中壤中流前期土壤水所占比例分别为 58.0%、63.0% 和 81.0%,径流过程中的变化范围分别是 31.7% ~ 75.6%、54.1% ~ 74.0% 和 50.6% ~ 93.6%。前期土壤水对地下径流的贡献率分别为 58.0%、76.0% 和 89.0%,径流中的变化范围分别是 36.6% ~ 74.0%、63.2% ~ 91.6% 和 78.1% ~ 97.0%。第一次降雨事件中,前期土壤水对壤中流、地下径流贡献率最低值出现在产流初期。因为产流初期前期土壤水与降雨没有充分混合,降雨快速垂直入渗进入土体,并在相对饱和层上发生平行于坡面的横向移动产生径流,前期土壤水与降雨接触时间不多。三次降雨事件均产生少量地表径流,由于采集地表径流样品较少,并没有进行地表径流过程水源的分割。

在后两次降雨事件中径流初期的前期土壤水含量较高。第二次降雨产流初期径流中前期土壤水含量较高的原因可能是,前期土壤含水量很低,产生径流所用的时间较长,即降雨与前期土壤水混合的时间较长,而且雨强很大,加速了两者的混合,所以虽然第二次降雨前期土壤含水量为三次最低,但其径流初期壤中流与地下径流中前期土壤水所占比例相对较高。第三次降雨—径流产流初期前期土壤水对壤中流、地下径流的贡献率也较高,造成这种现象的原因与第二次降雨事件不同。在第三次降雨事件中,由于前期土壤含水量较高,产流时间较短,加之降雨强度较小,所以不存在降雨与前期土壤水相混合的时间以及能量要素。但在低雨强下,雨水可以利用重力作用胁迫土壤水流出土体形成径流,所以在前期土壤含水量较高、低雨强情况下,产流初期壤中流与地下径流的前期土壤水比例也会出现较高的现象。综上所述,前期土壤含水量与降雨强度是坡地产流机制的重要影响因素。

后两次降雨事件中,前期土壤水对壤中流、地下径流贡献率最低值出现在径流量最大时。前期土壤水对地下径流、壤中流贡献率在径流初期较大,随径流量增大而减小,随退水过程逐步增大,与径流量呈显著负相关关系,相关系数 R^2 分别为 0.74、0.59。第一次降雨事件中也基本符合这一情况,在流量峰值处出现前期土壤水所占径流比例的相对低值,用优先流可以解释这种现象。在产生径流后,当降雨出现较大值后不久,壤中流与地下径流中会相应地出现流量峰值,并且流量峰值时的本次降雨部分能够占到 50% 以上,降雨快速出现并到了壤中流和地下径流中,所以一定存在降雨补给壤中流、地下径流的快速通道。降雨强度是优先流通道的启动因子。在雨强变小后,即流量减小后,补给到土壤中的雨水减少,因此径流中的本次降雨所占比例减小,而前期土壤水逐渐增多。郭晓军等在蒋家沟流域对壤中流水源的研究发现,前期土壤水对壤中流产流初期贡献率很大,随着降雨时间的持续,前期土壤水在壤中流中所占的比例是一个逐渐减小的过程,径流过程是雨水逐渐取代前期土壤水的过程,而在研究中发现了前期土壤水与径流量以及雨强的负相关关系,前期土壤水在径流中所占比例总体变化是先减少后增大的趋势,说明与蒋家沟流域相比,紫色土丘陵区坡地径流中的优先流补给更为显著。

由于三次降雨量都比较大,降雨停止时土壤孔隙中仍储存有大量的土壤水,所以雨停后径流过程并未停止,其中第一次和第三次降雨中实验小区 2 地下径流退水过程能够持续 2 d。在退水过程中,壤中流与地下径流中的前期土壤水的贡献率都是一个逐步升高的过程。一方面是因为没有了降雨优先流的补给;另一方面是因为降雨与土壤水长时间充分混合,降雨量相对于土壤水量来说较少。

　　本书在计算径流水源时所用的前期土壤水 $\delta^{18}O$ 是整个土体的平均值,即假设每层土壤水对径流的贡献是一致的,这可能不符合实际情况,会对前期土壤水对径流的总体贡献率计算造成一定影响,但前期土壤水在径流过程中所占比例变化趋势的影响有限。所以,在接下来的部分通过对降雨—径流过程中降雨、径流以及土壤水过程样 $\delta^{18}O$ 特征的分析,来探讨不同土层对径流的参与以及进一步分析壤中流、地下径流产流机制。

5.1.3　小区径流与土壤水 $\delta^{18}O$ 变化特征

　　为了确定不同土层前期土壤水对径流的参与程度以及坡地径流产流机制,对8月30日实验小区2降雨—径流中降雨、土壤水和径流中的 $\delta^{18}O$ 进行了监测,结果见图5-3(由于降雨过程中采样工作量较大,只对实验小区2的土壤水过程样进行了采集)。降雨中 $\delta^{18}O$ 初始值为 $-5.51‰$,一直贫化,到降雨终了时值为 $-15.25‰$。土壤水采用陶土管法采集,前期土壤水表层(0~5 cm) $\delta^{18}O$ 富集达 $-9.77‰$,随土壤剖面深度增加而贫化(由于土壤20~40 cm活动水较少,陶土管并没有收集到土壤水)。0~10 cm 土壤随降雨 $\delta^{18}O$ 变化趋势明显:开始时土壤水 $\delta^{18}O$ 比降雨贫,土壤水 $\delta^{18}O$ 表现为增加;当降雨比表层土壤水贫化时,土壤水 $\delta^{18}O$ 表现为降低。10~20 cm 土壤水 $\delta^{18}O$ 从 $-11.58‰$ 增大到 $-9.5‰$,是一直增加的过程。20~40 cm 土壤含水量有较大变化,但 $\delta^{18}O$ 并没有太大的改变。在本次降雨中,地下径流一直存在,壤中流分为了两段,第一段壤中流 $\delta^{18}O$ 与地下径流差别不大,第二段明显低于地下径流。

　　第一段降雨强度大,最大雨强达 9 mm/h,降雨总量为18.7 mm。降雨初期雨强较小,累计降雨量为 6.2 mm 时产生地下径流,随即出现最大雨强,累计降雨量为 13 mm 后产生壤中流。产流初期,降雨与壤中流 $\delta^{18}O$ 随时间而贫化,地下径流与表层土壤水(0~10 cm) $\delta^{18}O$ 则是开始富集。20~40 cm 土壤含水量与土壤水的 $\delta^{18}O$ 几乎没有改变,0~10 cm 土壤含水量明显增高。10~20 cm 土壤含水量有较大增加,由于前期土壤水含量较多,$\delta^{18}O$ 有微小富集。壤中流、地下径流与土壤水 $\delta^{18}O$ 很相近。根据上述现象得出一些推论:主要是 0~10 cm 土层前期土壤水参与径流,因为在下层土壤水还未发现变化时就已经产流;地下径流的产生主要是通过优先流途径,如玉米根系、虫洞、裂隙等,降雨在表层土壤中累积到一定量时,水流克服土壤吸力的阻力通过大孔隙到达底部岩层中产生地下径流,由于产流时间较短以及降雨强度较小,先产生的径流中前期土壤水较多,随雨水在土壤表层比重增大,$\delta^{18}O$ 开始富集,地下径流主要受降雨混合样的影响,与降雨 $\delta^{18}O$ 实时变化相关性差;壤中流的产生更依赖降雨强度,表层土壤(0~10 cm)比较疏松,入渗好,而 10~20 cm 土壤紧实导水率差,当降雨强度大于 10~20 cm 土壤入渗率时,即在该层之上累积水分,进而产生横向移动的壤中流,壤中流更多地依靠当前降雨,所以 $\delta^{18}O$ 的变化趋势与降雨一致。壤中流在雨停后马上终止,地下径流持续到第二段降雨。

　　第二阶段降雨雨强小,最大雨强为 2.7 mm/h,总降雨量为 17.2 mm。土壤接近饱和,地下径流是在上次退水过程的叠加,壤中流产生于最大雨强时。0~20 cm 土壤含水量与 $\delta^{18}O$ 都发生了较大变化,0~5 cm 土壤随降雨 $\delta^{18}O$ 贫化而降低,是由于上层较富集 $\delta^{18}O$ 的土壤水活塞流补给下层土壤,5~20 cm 土壤水 $\delta^{18}O$ 升高。壤中流中 $\delta^{18}O$ 变化与降雨 $\delta^{18}O$ 变化相反,表现为富集,地下径流与降雨 $\delta^{18}O$ 变化趋势相同,都为降低。地下径流产

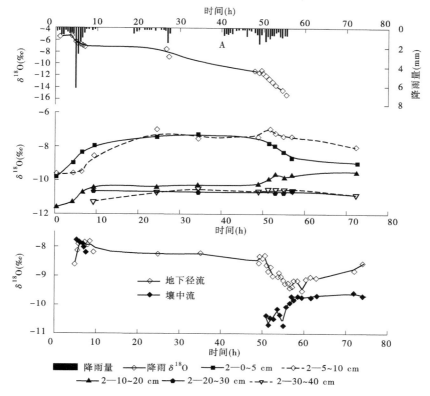

图 5-3　　一次典型产流事件中小区降雨—土壤水—径流 $\delta^{18}O$ 变化图

流原理与第一段相同,主要来于表层土壤水与降雨的混合,因为产流过程经历了很长时间,降雨与表层土壤水混合更为充分,地下径流 $\delta^{18}O$ 介于两者之间,随着降雨累计量的增多,径流中 $\delta^{18}O$ 降低,后期土壤所固定的那部分富集 $\delta^{18}O$ 土壤水与自由水交换,所采集到的表层土壤水 $\delta^{18}O$ 升高,与退水过程中地下径流过程中 $\delta^{18}O$ 变化趋势相同。低雨强长历时的径流过程,都有可能导致壤中流的发生,土层逐渐降低,让更多富集 $\delta^{18}O$ 的下层土壤水参与到径流中,使壤中流 $\delta^{18}O$ 升高。壤中流与 10～20 cm 土层的土壤水 $\delta^{18}O$ 浓度相似也佐证了这一想法。在整个产流过程中,20～40 cm 土壤含水量增加较多,补给主要来自于与其 $\delta^{18}O$ 相接近的 10～20 cm 土壤水,所以 $\delta^{18}O$ 变化微小。该层土壤水 $\delta^{18}O$ 与壤中流、地下径流 $\delta^{18}O$ 差异较大,可能该层对径流的贡献不是很大。Klaus 在对坡地产流的研究中也得出了相似的结论:优先流主要来自本次降雨与前期地表土壤水,但他还认为优先流附近较深层土壤水对径流也有一定作用。

5.2　坡地和小区尺度坡地径流水文过程特征对比

5.2.1　不同径流形式的产流过程特征对比

　　不论是小区的壤中流、地下径流还是长坡地地下径流,其产流过程线总体呈现三个阶段(见图 5-4、图 5-5)。第一阶段即从初始产流到流率峰值的快速上涨阶段,该阶段历时几段,一般在 30 min 左右即可完成;第二阶段为快速消退阶段,因对峰值降雨的响应处于流率峰值状态到降雨减小、停止而快速回落,该阶段历时受雨强影响明显;第三阶段为缓慢消退阶段,此阶段是包气带由高储水状态逐渐脱水的过程,历时与降雨量和包气带水力学特性相关。快速上涨阶段和快速消退阶段一般形成"尖峰"状,是紫色土坡地亚地表径流过程线的鲜明特征。

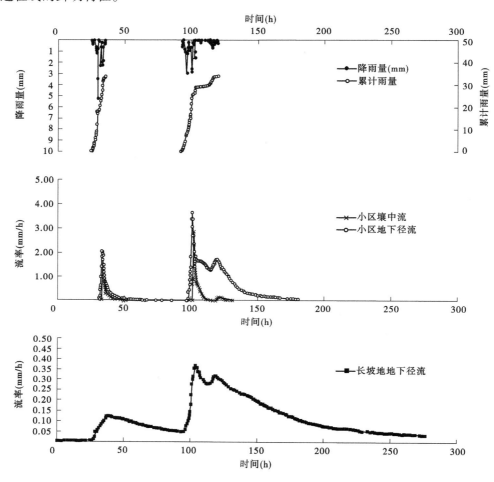

图 5-4　0605 次、0608 次降雨坡地产流过程

具体看各形式径流的过程线特点,其过程特征在总体相似的同时,也有些细小差异。以小区地下径流为参照,小区壤中流的第三阶段历时短,几乎难以和第二阶段区分;长坡地地下径流过程线的第三阶段则更缓慢。这主要取决于相应包气带厚度影响下的储水量,以及相应包气带层位的总体透水性能。付智勇等对不同土层厚度的紫色土坡耕地产流机制的分析中认为,薄土层的壤中流起始产流速度快,降雨停止后流率迅速减小,说明优先流是壤中流的主导;较厚土层的出流,开始时流率一直较小,降雨结束后流率从减小到消失延续时间较长,说明其以基质流为主导。本书的几次监测结果与之类似,因此可以推断紫色土坡地包气带层位越浅优先流越明显。

初始产流和初始峰值的前期降雨情势见表 5-2。

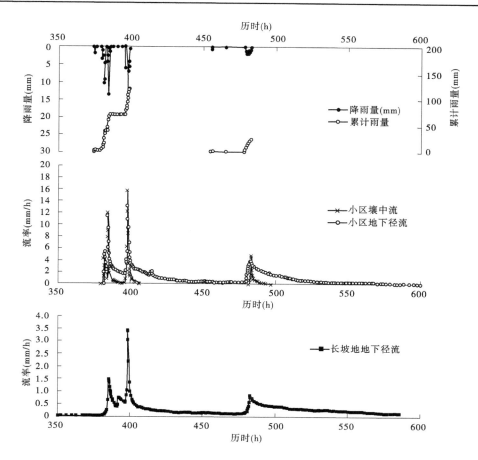

图 5-5　0620 次、0624 次降雨产流过程

表 5-2　初始产流和初始峰值的前期降雨情势

降雨事件	径流形式	时刻（时）	初始产流前期最大 1 h 雨强（mm/h）	累计雨量（mm）	时刻（时）	初始峰值	
						前期累计雨量（mm）	峰值流率（mm/h）
0605 次	区壤中	32.24	11.6	29.8	32.80	32.2	1.03
	区地下	30.51	11.6	20.8	32.70	32.2	2.06
	坡地下	25.50	1.2	2.0	38.00	33.8	0.12
0608 次	区壤中	99.26	8.4	16.2	101.32	26.0	2.89
	区地下	97.47	8.2	10.4	100.21	29.0	3.64
	坡地下	94.50	2.2	3.2	103.50	29.0	0.37
0620 次	区壤中	380.67	6.0	10.0	384.52	61.4	12.13
	区地下	381.50	20.4	25.4	384.48	61.4	11.47
	坡地下	378.50	4.0	4.0	385.00	69.8	1.48
0624 次	区壤中	482.16	13.0	18.8	483.97	25.6	4.89
	区地下	480.00	5.0	7.0	483.23	24.4	3.97
	坡地下	479.50	1.4	7.0	484.50	22.0	0.83

第一次降雨(0605 次)开始于 23.50 时,历时约 10 h,总降雨量为 33.8 mm。受该次降雨影响,小区的地下径流在 30.51 时开始产流,先于壤中流的产生(32.24 时)约 1 时 15 分钟;而长坡地地下径流产生更早,在 25.50 时即已开始,比小区地下径流早了近 5 h。

第二次降雨(0608 次)开始于 99.26 时,历时约 10 h,总降雨量为 34.0 mm。历时约 27 h,雨量与第一次降雨相当,为 34 mm。此次各个深度径流的初始产流时间与第一次降雨相似,即长坡地地下径流早于小区地下径流,小区地下径流早于小区壤中流,分别为 94.50 时、97.47 时、99.26 时。

第三次降雨(0620 次)从 374.50 时开始,历时约 26 h。与前两次降雨有所不同,第三次降雨(0620 次)影响下的各种形式径流初始产流时间,按发生的时间顺序依次为小区壤中流(380.67 时)、长坡地地下径流(378.50 时)和小区地下径流(381.50 时)。此次三种径流初始产流时间的先后变化与可能和该次降雨等级关系密切。产流总降雨量为 121.0 mm,平均降雨强度 4.65 mm/h,属于特大暴雨。

第四次降雨(0624 次)从 478.50 时开始,历时 6 h,总降雨量为 23.6 mm。此次降雨影响下的三种径流产流初始时间顺序又和第一、二次降雨相同,长坡地地下径流最早为 478.00 时,其次小区地下径流为 479.50 时,最后为小区壤中流为 482.16 时。

从产流的初始时间来看,在一般降雨等级下(本书观测的为中雨到小型暴雨等级情况),紫色土坡地的包气带首先从较深的部位开始产流,然后产流由深层部位向浅层部位发展。大雨量、大雨强条件下会发生超渗产流。这在一定程度上反映了紫色土坡地包气带的土壤结构特性和基岩特性,以及该地区的主要产流方式——深层优先流为先为主,蓄满产流少见,高强度降雨时会出现超渗产流。

降雨量和前期土壤水分状况是影响产流快慢的主要因素,因此在掌握前期土壤水分状况的条件下对初始产流前累积降雨情况做以分析具有一定的意义。

小区壤中流、小区地下径流和长坡地地下径流三种径流形式的主要区别在于径流形成界面深度,壤中流形成于土壤层与土壤母质岩层的交界以上,地下径流是水分垂向运动经过土壤层后以渗流形式继续经过母岩裂隙再遇到低透水性的基岩层后侧向流出断面的水流。本书所称小区地下径流是浅层地下径流(出流口距离地表 120 cm),长坡地地下径流是较深的地下径流(出流口距离地表 300 cm)。

初始产流前累计降雨量。第一次降雨条件下,小区壤中流、小区地下径流和长坡地地下径流的初始产流前累计雨量分别为 29.8 mm、20.8 mm、2.0 mm;第二次相应值分别为 16.2 mm、25.4 mm、3.2 mm;第三次相应值分别为 10.0 mm、16.0 mm、4 mm;第四次相应值依次为 18.8 mm、7.0 mm、7.0 mm。从以上累计雨量可以看出,长坡地地下径流开始产流所需降雨量最小,其次为小区地下径流,小区壤中流的发生需要的降雨量最大。就包气带深度而言,降雨量一定的情况下,深度越深越容易产流。

初始产流前最大 1 h 雨强。第一次降雨条件下,小区壤中流、小区地下径流和长坡地地下径流的初始产流前最大 1 h 雨强分别为 8.4 mm、8.2 mm、2.2 mm;第二次相应值分别为 6.0 mm、20.4 mm、4.0 mm;第三次相应值分别为 10.0 mm、16.0 mm、4 mm;第四次相应值依次为 13.0 mm、5.0 mm、1.4 mm。

为了明晰在初始产流前期阶段降雨要素对初始产流的影响大小,可以通过初始产流前最大 1 h 雨强在初始产流前累计降雨量所占比例来判断。该比例如下:小区壤中流的第一、二、三、四次分别为 0.39、0.52、0.60、0.69;小区地下径流的分别为 0.56、0.79、0.80、0.71;长坡地地下径流的分别为 0.60、0.69、1.00、0.20。从上述一系列比值可以看出,在初始产流前期降雨时段中,小区壤中流的 1 h 最大雨强时段内的降雨量在该时段总降雨量所占比例为 0.39 ~ 0.69,波动范围较大,可以说明对于壤中流的初始产流而言,雨强因子并非稳定因素,从而亦从反面表明雨量因子比其更为重要;而相应的小区地下径流的这一组比值总体上为 0.56 ~ 0.8,所占比重总体较高,说明雨强因子是促发地块尺度(小区)地下径流的稳定因子;对于较大尺度的长坡地地下径流,该组比值波动范围更大,为 0.2 ~ 1.0,反映出雨强因子在地下径流的初始产流阶段毫无确定性;反之说明雨量是促发地下径流初始产流的主要因子。小区壤中流和长坡地地下径流初始产流的主要因子均为雨量,但比较四次降雨初始产流累计雨量可见,壤中流对应的值分别为 29.8 mm、16.2 mm、10.0 mm、18.8 mm,长坡地地下径流对应的值分别为 2.0 mm、3.2 mm、4 mm、7 mm,说明就量的角度而言,激发二者初始产流所需的雨量存在明显差异——小雨基本的雨量即可激发长坡地地下径流,而壤中流则需要中雨以上的降雨级别。

　　总之,从降雨要素角度而言,在促发小区壤中流、小区地下径流和长坡地地下径流初始产流阶段,各种径流的主要动力因子不近相同。其中,小区壤中流初始产流的激发因子为雨量,小区地下径流初始产流的激发因子为雨强,长坡地地下径流初始产流的激发因子是雨量。同样地地下径流,小区和长坡地的激发因子不同,这应该和二者的包气带特性、其中的水分状况以及尺度造成的异质性有关。

5.2.2　产流峰值与降雨要素对比

　　第一次降雨条件下,小区壤中流、小区地下径流和长坡地地下径流的峰值时刻分别为 32.80 时、32.70 时、38.00 时;第二次相应值分别为 101.32 时、102.21 时、103.50 时;第三次相应值分别为 384.52 时、384.48 时、385.00 时;第四次相应值依次为 483.97 时、483.23 时、484.50 时。四次降雨事件中壤中流初始峰值均比小区地下径流稍后 0.04 ~ 0.74 h,均表明小区的地下径流要比壤中流略早达到初始峰值。

　　四次降雨共出现 7 次降雨峰值,各自对应的最大 30 min 雨强时刻分别约在 28.25 时段、96.00 时段、115.00 时段、381.75 时段、384.25 时段、398.00 时段和 480.25 时段。各形式径流峰值流率(见表 5-3)对其响应分别出现在:小区壤中流为 32.80 时、101.32 时、120.55 时、382.27 时、384.52 时、398.02 时、483.97 时;小区地下径流为 32.70 时、100.21 时、1 18.71 时 h、382.23 时、384.48 时、398.23 时、483.23 时;长坡地地下径流为 38.00 时、103.50 时、1 18.00 时、无响应、385.00 时、398.30 时、482.50 时。对最大 30 min 雨强的响应延迟:小区壤中流约为 4.55 时 h、5.32 时、5.55 时、0.52 时、0.27 时、0.02 时、3.72 时;小区地下径流约为 4.45 时、4.21 时、3.71 时、0.48 时、0.23 时、0.23 时、3.00 时;长坡地地下径流约为 9.75 时、7.50 时、3.00 时、无响应、0.75 时、0.30 时、0.25 时。

表 5-3　四次降雨事件中流率峰值及时段最大雨强信息

次序	大概时段（h）	产流前期最大时段雨强（mm/N）				峰值流率（mm/h）		
		N = 60 min	N = 45 min	N = 30 min	N = 15 min	区壤中	区地下	坡地下
1	32	10.4	9.2	8.6	5.2	1.03	2.06	0.12
2	382	1.2	1.0	0.8	0.6	2.89	3.64	0.37
3	100	24.8	22.2	19.8	10.4	0.14	1.76	0.32
4	118	5.6	4.8	4.0	3.0	4.61	5.41	—
5	384	20.8	20.0	17.6	13.6	12.13	11.47	3.41
6	398	26.2	26.0	21.8	14.8	15.72	13.06	1.48
7	483	6.8	5.8	4.0	2.2	4.89	3.97	0.83

（1）流率峰值与几个时段雨强的回归分析：分别利用峰值出现前夕最大 60 min、45 min、30 min 和 15 min 雨强与流率峰值作了回归分析。以最大 30 min 雨强为例，各形式径流流率峰值与相应时段最大 30 min 雨强线性回归表明，不论是否考虑前期土壤水分状况对产流的影响，二者呈现显著线性关系，各线性回归效果见图 5-6。在对四次降雨出现的 7 次流率峰值全部作线性回归分析可见（见图 5-6（a）），小区壤中流、小区地下径流及长坡地地下径流二者呈正线性关系，但拟合度并不高，R^2 分别约为 0.61、0.66、0.50，说明最大 30 min 雨强对促进径流达到流率峰值有一定的作用。不少学者的研究表明，在前期土壤层等包气带水分含量处于较高的状态情况下，雨强对流率峰值有重要影响。因此，需从前期水分状况作分析，以确保各次峰值出现前的包气带水分状况趋同。

由回归分析结果（见图 5-6（a））可知 7 组数组中，第一、四次流率峰值距回归拟合线较远，说明这两组值不利于该回归方程拟合度的进一步提高。由四次降雨事件的时间可知，第一、三次降雨之前，包气带经历了较长时间的无降水补给期，水分状况必然较低；第二、四次受惠于不久前的第一、四次降水，该时段包气带内水分状况较高；因此可以不使第一、三次降雨的初始流率峰值参与到二者的回归分析。经上述分析，剔除第一、四次流率峰值作进一步回归分析，由图 5-6（b）可见，各种形式的径流峰值流率与 30 min 雨强的呈线性正相关，拟合度达到了 $R^2 = 0.979\,6$、$0.997\,0$、$0.549\,0$，表现出极好的线性关系。回归方程分别为：$Y_{区壤中} = 0.690\,1x + 0.474\,3$、$Y_{区地下} = 0.544\,7x + 1.507\,1$、$Y_{坡地下} = 0.101\,2x + 0.301\,8$。

表 5-4 中列出了峰值流率与各时段最大雨强的拟合关系方程。比较四组拟合方程可知，其与最大 30 min 雨强线性回归方程总体拟合最佳。分析峰值流率与不同时段最大雨强的关系有助于理解径流对降雨的响应敏感度，基于这一认识，本书继续分析该拟合方程的结构和各项参数及其物理意义。

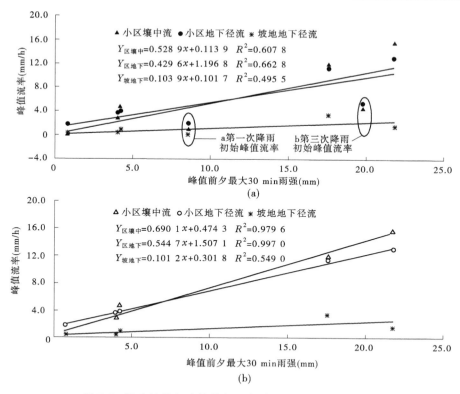

图 5-6　流率峰值与峰值前夕几个时段最大雨强的回归分析

表 5-4　峰值流率与各时段最大雨强的拟合关系方程

前期时段最大雨强（mm/N）	回归方程（$n=5$）		
	区壤中	区地下	坡地长
$N=60$min	$y = 0.515\,3x + 1.802\,3$	$y = 0.404x + 2.613\,8$	$y = 0.078\,2x + 0.446\,3$
	$R^2 = 0.994\,1$	$R^2 = 0.965\,1$	$R^2 = 0.466\,2$
$N=45$ min	$y = 0.512\,8x + 2.140\,9$	$y = 0.402\,1x + 2.878\,3$	$y = 0.076\,2x + 0.515\,6$
	$R^2 = 0.998\,1$	$R^2 = 0.969\,3$	$R^2 = 0.446\,1$
$N=30$ min	$y = 0.592\,7x + 2.310\,9$	$y = 0.468\,5x + 2.975\,3$	$y = 0.091\,8x + 0.502\,2$
	$R^2 = 0.994\,8$	$R^2 = 0.981\,8$	$R^2 = 0.486\,1$
$N=15$ min	$y = 0.806\,8x + 2.529\,9$	$y = 0.649x + 3.071\,1$	$y = 0.137\,9x + 0.446\,2$
	$R^2 = 0.968\,3$	$R^2 = 0.989\,9$	$R^2 = 0.585\,2$

　　表 5-4 中,各拟合方程结构相同,均为线性正相关结构,包括了最大时段雨强自变量及其系数和常数项。该组方程均表明,临近流率峰值出现前的时段内最大雨强会以一定的比例参与流率峰值的形成。以小区壤中流的回归方程为例,比较不同时段下的最大雨强可知,随着最大雨强对应的时段从最短 15 min 到最长 60 min,相应回归方程的系数由 0.81 减小至 0.52,这表明最大 15 min 雨强时段内的雨量中有 81% 参与形成了壤中流的

峰值流率;相应的最大30 min、45 min 和60 min 雨强时段内的雨量有59%、51%和51%参与形成了该峰值。显然,60 min 时段内的雨量包括了45 min、30 min、15 min 内的雨量。同样地,其余较短时段内的雨量也包括了所有更短时段内的雨量,从逻辑上讲,这些较长时段内的雨量均应包含81%的15 min 时段内的雨量。这样以来,该系数反映了径流对降雨响应的敏感度,具体到本书的几次监测结果而言,紫色土坡地在产流峰值时段,径流对时段雨强能够快速做出响应;而且通过处于较深层的径流,如小区地下径流、长坡地地下径流可以反映包气带结构的渗透性能。基于上述分析,可把该方程中时段雨强与峰值流率拟合方程的自变量系数称之为时段最大雨强—流率峰值转化系数。

继续分析该回归方程中的常数项。方程中常数项可以解释为在相应最大时段雨强供水的环境下,包气带相应层位的径流形式会以某一定流率持续产流,当然出现该种情况的前提是包气带水分含量处于较高状态(蓄水达到或接近饱和)。该常数与相应雨强时段内的降雨量无关,而跟其供水环境有关,比如降雨动能对包气带水分的压力等,这显然会影响到水分垂向运动。最大30 min 雨强供水环境下,该常数,即稳定流率在小区壤中流、地下径流、长坡地地下径流形式中分别为2.31 mm/h、2.98 mm/h、0.50 mm/h。

(2)从回归方程结构上看径流水源。按照上述分析,比较三种径流的转化系数可知,在同一时段的最大雨强供水形成峰值时(以最大15 min 雨强时段内的第五次峰值为例),小区包气带不同出流深度上壤中流、地下径流转化系数分别为0.81、0.65,说明该时段内降雨的81%、65%分别参与形成了小区的壤中流和小区地下径流。二者转化系数之和为1.46,明显大于1;且从实际雨量和各峰值流量来看,该时段内降雨量、小区壤中流和地下径流的峰值流率分别为13.60 mm/h、12.13 mm/h、11.47 mm/h,两峰值流率之和约为雨量的1.74 倍,其他几次峰值的壤中流和地下径流峰值之和也均大于相应时段雨量之和,因此排除计算误差。显然,这有悖于水量平衡原理。也许,峰值流率当中包含一部分该时段之外的降雨,这肯定是事实,但是否全部都是最大15 min 雨强时段以外的降雨呢?

进一步分析回归方程的常数项。前文已经表明,常数项,即相应降雨强度下径流的稳定流率是一个定值,和雨强时段内的雨量无关,而和它的动力学性能有关。据此可以推测,假设包气带在水分含量较高(饱和或接近饱和状态)的情况下,以某种形式,比如大气冲压,为包气带形成和相应雨强所提供的类似的动力学环境,那么包气带则会以上述稳定流率产流。这种情况下径流的水源显然并非降雨,而是相对事件降雨的前期土壤水。

5.2.3　坡地产流总量及产流系数分析

5.2.3.1　计算原理

次降雨产流总量按不同的径流形式可以分为地表径流产流总量、壤中流产流总量、地下径流产流总量。对于地表径流而言,它对有效降雨的响应敏感,即有效降雨开始即产流发生,有效降雨停止它也会很快停止。而对于亚地表径流来说,它对有效降雨的效应便不及地表径流敏感,尤其是消退过程可能会在降雨结束后持续很久。因此,在计算单次降雨事件引发的产流总量时,往往不能完整独立地监测到流率过程。这种情况主要包括:①前期降雨事件引起的产流尚未结束而本次降雨又引发产流,这时监测的径流量中会包括前期基流;②本次降雨产流没完全结束,下次降雨事件引起的产流又参与到监测流量中来;

③上述两种情况并存。这些情况都会引起对单次降雨事件产流总量监测的误差,从而影响到产流系数的精度甚至是错误。对于上述问题,本书将监测所获取的流量按照流量过程划分为三部分:第一部分,参与到降雨事件径流过程中的基流产生的总流量,即基流总量,基流总量从本次降雨开始产流起累计,到假设的无本次降雨情况下自然消退不再产流时结束;第二部分,产流时段内被直接监测到的总流量,称作直接监测产流量,从本次产流起计到下次降雨开始产流终止;第三部分,本次降雨的产流仍持续在消退期而尚未结束,但受到下次降雨影响而又有新的流量混入,从该时刻开始直至最终产流停止时刻,这一阶段的累计产流,本书为方便起见称作延伸产流量。

次降雨的产流总量(Q_t) = 直接监测产流量(Q_d) + 延伸流量(Q_e) − 基流总量(Q_b)

也可以用总产流深表示

$$总产流深\ H(\mathrm{mm}) = 产流总量(Q_t)/产流地块面积(A)$$

径流系数

$$\alpha = Q_t/P$$

实验中采取的监测手段具有监测敏感、准确度和精度高等特点,这有利于上述问题的弥补和解决。

5.2.3.2　延伸流量和基流量的计算

利用消退过程线拟合延伸流率过程趋势线方程。基于前面一段时期内的流率消退过程的实际监测数据,对消退过程作拟合延伸,以预测产流结束时刻,再对消退过程拟合方程求算相应时段内的积分量,即延伸流量。基流总量计算过程类似,区别在于拟合所用数据为前期基流监测数据。延伸流量的计算公式如下

$$Q_t = \int_{t_2}^{t_3} (ax + b)\,\mathrm{d}x$$

式中:Q_t 为延伸流量或基流量,方程 $y = ax + b$ 为各拟合方程;t_2、t_3 分别为流量计算的开始时刻和结束时刻。

各参数具体取值见表 5-5。

表 5-5　拟合方程及相关基础数据

地块及时段	趋势线拟合			所选时段的流量过程信息				估计终止产流时刻 h_3(h)	估计延伸水量(L)
	线性拟合方程	R^2	n	时段 h_1(h)	流率1(L/h)	时段 h_2(h)	流率2(L/h)		
坡地 0605	$y = -1.898\,6x + 241.81$	0.974 2	77	50	152.0	94.0	72.2	127.3	1 056.6
坡地 0608	$y = -0.601\,8x + 212.9$	0.981 6	49	230	74.5	275.5	47.8	353.8	1 844.3
坡地 0620	$y = -1.444\,3x + 838.99$	0.924 0	61	435	211.5	465.0	116.7	580.8	9 700.1
坡地 0624	$y = -2.957\,2x + 1\,897.1$	0.983 6	61	555	261.7	585.0	172.7	640.7	4 722.9
小区 0620	$y = -0.069\,3x + 39.046$	0.936 2	56	450	8.6	478.0	5.9	563.4	98.4

由产流过程可知,需要考虑延伸流量和基流量计算的主要是长坡地地下径流,这应该和较大的地块面积(1 400 m²)以及较深的包气带层(3.2 m 深)有关,此外是小区地下径

流的第四次降雨前后。

　　流量趋势线拟合阶段选择在消退期靠后的更平稳阶段,各形式径流消退趋势拟合阶段总体在 30~40 h。一般而言,径流消退过程线呈幂函数形式,本书为便于计算,采取线性回归进行拟合,n 在 50 组以上,拟合度 R^2 均在 0.92 以上,说明拟合效果良好。相关参数见表 5-5。

5.2.3.3　总产流量和产流系数

　　对四次产流的总降雨量和总径流深(总产流量)的相关分析表明,壤中流二者呈显著正相关;而与小区地下径流、长坡地地下径流的相关性差,表明产流量与降雨量关系不大。这是因为四次降雨事件前期包气带水分状况较大而造成影响的缘故。贺康宁和张建军在黄土区水土保持林坡面产流的研究中也认为径流的发生取决于雨强和土壤性质,降雨量与产流量关系并不明显。

　　次降雨各形式径流产流情况见表 5-6。

表 5-6　四次降雨产流及产流系数

降雨事件	降雨量(mm)	总产流深(mm)			总水量(L)			产流系数		
		区壤中	区地下	坡地下	区壤中	区地下	坡地下	区壤中	区地下	坡地下
605 次	33.8	3.77	10.05	6.52	90.50	241.19	9 130.61	0.11	0.30	0.19
608 次	34.0	8.06	62.11	30.91	193.54	1 490.60	43 275.64	0.24	0.83	0.91
620 次	121.4	40.34	48.56	36.31	968.20	1 165.56	50 831.80	0.33	0.40	0.30
624 次	25.6	8.06	72.92	27.40	193.51	1 750.00	38 354.80	0.31	0.85	0.87

　　由表 5-6 可知,受第一次降雨的影响,小区壤中流、小区地下径流和长坡地地下径流的产流系数分别为 0.11、0.30、0.19;第二次相应为 0.24、0.83、0.91、第三、四次依次为 0.33、0.40、0.30,0.31、0.85、0.87。

　　从单次降雨来看,小区壤中流的产流系数为 0.11~0.33,小区地下径流的产流系数在 0.3~0.85,其中有 2 次均接近 1,长坡地地下径流的产流系数在 0.19~0.90,有 2 次也接近 1。传统水文学一般认为,降雨径流的水量均来自降雨,径流系数在干旱区较小、湿润区较大,但一般均在 0~1。而本书所观测的亚地表径流系数几次接近了 1,这表明径流水量可能并非全部来自于当次降雨事件,且非本次降雨的水量占有相当的比例。按水量平衡方程考虑径流系数大的原因:从径流实验场的封闭角度来看,可能是由于实验场底部并未绝对封闭,外界水源以侧向渗流形式混入;从降雨产流前后的包气带水分含量来看,可能是前期水分明显多于后期。

5.3　坡地径流水源分析

5.3.1　对比各次降雨产流径流水源

　　通过比较降雨、径流过程的氢氧同位素关系可判断径流水源。四次降雨影响下的径流氢氧同位素关系见图 5-7。

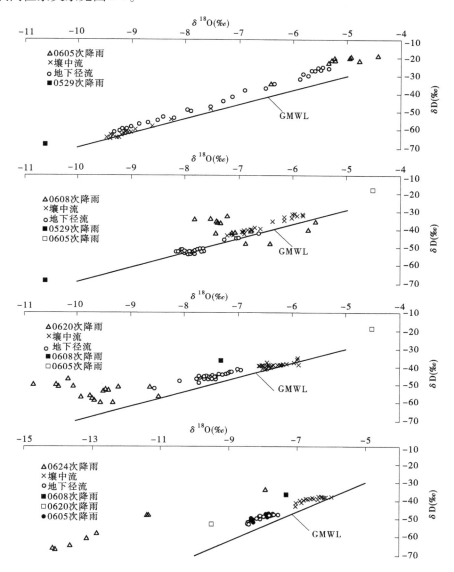

图 5-7 小区径流水样同位素值与水源关系比较

由图 5-7 可见,第一次降雨各时段雨水同位素值 δD 值和 δ^{18}O 值分别在 −5.36‰ ~ −4.44‰和 −23.08‰ ~ −19.15‰;该次前期(5 月 29 日)总降雨氢氧同位素值分别为 −10.59‰、−68.26‰;小区的壤中流、地下径流过程水样的氢氧同位素介于二者之间,说明此次所产径流的水源包含了降雨和前期降雨的成分。其中,壤中流 δD 值在 −64.37‰ ~ −47.28‰,且主要集中在 −64.37‰ ~ −58.03‰,远离降雨同位素值、临近前期降雨同位素值,说明壤中流径流水分组成以储存在土壤中的前期雨水(土壤水)为主。地下径流水分同位素值分散地分布在本次降水和前期降水同位素之间,说明在地下径流从初始产流到消退的整个过程中,两种水源比例变化较大。

第二次降雨中,各时段降水氢氧同位素值分别在 −7.82‰ ~ −5.58‰ 和 −48.53‰ ~ −33.31‰ 范围内变化。该次降雨之前两场降雨(0529 次、0605 次)的氢氧同位素值分别为 −10.59‰、−68.26‰ 和 −4.52‰、−18.31‰,分居本次径流水源同位素的两端。本次所产的壤中流水样氢氧同位素分散在本次降雨和比 0605 次总降水同位素之间,紧邻本次降雨过程的同位素值,说明径流的水源主要包括上述两者来源的水分,且本次降雨占较大比例;而本次地下径流的同位素偏向于本次降雨和更早期的 0529 次降雨一端,表明虽然历经了 0605 次降雨,但此次地下产流中 0529 次降雨所提供的水源仍旧占有一定的比例。由图 5-7 进一步可知,与第一次相比,本次地下径流过程水样同位素值比较集中,说明径流过程中水源组成比例变化不明显,反映出本次降雨对径流水源影响较小,储存在土壤中的前期水分在径流中占主导地位。

第三次降雨过程的氢氧同位素 δD 值为 −10.81‰ ~ −8.47‰,$\delta^{18}O$ 值为 −59.26‰ ~ −46.61‰;前期降雨 0608 次的同位素 δD 值为 −7.34‰,$\delta^{18}O$ 值为 −36.37‰;0605 次的氢氧同位素分别为 −4.52‰、−18.31‰。由图 5-7 可以看到,壤中流、地下径流水源的同位素值临近前期降雨同位素值,这说明两种径流的水源与 0608 次、0605 次的降雨关系密切,水源主要来自这两次降雨。同时可以注意到,壤中流径流过程的系列水源同位素值在 0608 次、0605 次降雨同位素值所连直线的总体偏右,且并未像前两次或该次地下径流同位素一样沿着全球大气降水线(GMWL)呈直线分布,而是与其有潜在的偏斜交叉,原因在于径流中的部分水源例如土壤水在形成壤中流之前经历了蒸发且非平衡同位素蒸发分馏效应明显。此外,壤中流、地下径流同位素均明显远离本次降雨同位素值,这表明在本次降雨引发的降雨产流中,来自该次降雨事件的水分比例并不高,前期水分占主导地位。

第四次降雨过程的同位素值总体在 δD −14.07‰ ~ −11.34‰,$\delta^{18}O$ 值为 −66.69‰ ~ −47.67‰,前期两次降雨(0608 次和 0620 次)δD 和 $\delta^{18}O$ 值分别为 −5.90‰、−52.65‰ 和 −7.34‰、−36.37‰。本次径流过程水样的同位素分布与第三次降雨的分布特征大体相似,即均靠近 0605 次、0608 次降水同位素值一端而明显偏离本次降水同位素值一端。但也有一些不同,即壤中流和地下径流过程水样总体向左下方偏移,说明该次产流中来自 0620 次降雨的水分比例有所增加,而 0605 次、0608 次降雨的水分比例有所减少,其中和第三次地下产流相比,地下径流过程水样同位素更集中且全部位于 0608 次前期降雨的左下方,表明来自明显蒸发层位的 0608 次降雨的水源或者 0605 次降水的水分在该次产流时段内比例极少甚至没有,早期降雨在后期径流形成过程中的作用逐渐消失。

国内外学者对降雨产流过程水源的划分主要集中在流域基流、冰雪融水补给、优先流贡献量、流域产流过程等方面,这些研究随侧重点各不相同,但普遍认识到前期水分在降雨产流中的重要作用。

5.3.2 径流水源的量化分割

小区 0605 次和 0620 次,坡地 0605 次、0608 次、0620 次降雨产流的径流水源划分结果见图 5-8、图 5-9。

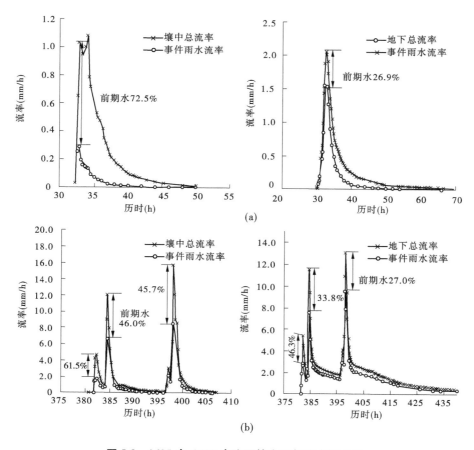

图 5-8　0605 次、0620 次降雨的小区径流水源分割

从图 5-8 中可见,不论是小区还是坡地,其产流过程中的水源变化均具有如下特点:①在峰值流率出现前的产流前期,来自本次降雨事件的水分几乎是总径流的全部组分,前期水分贡献极少;②峰值时刻总流率达到最大时,降雨事件水分流率达到最大,同时前期水分流率也明显提高,但峰值由降雨主导;③产流消退期,除小区 0620 次降雨外,小区 0605 次、坡地的三次产流均表现出前期水分比例相对大于事件降雨比例的特点,表明退水过程由前期水分主导。

表 5-7 是对上述峰值时刻前期水分所占比例进行的统计分析。在峰值阶段,0605 次降雨的小区壤中总流率为 1.03 mm/h,本次事件降雨的组分流率为 0.28 mm/h,据此可知前期水分比例在峰值时刻达到了 72.5%;小区地下径流的总流率、事件雨水流率分别为 2.06 mm/h、1.51 mm/h,前期水分贡献率占 26.9%。0608 次降雨中出现了 3 次峰值,前期水分比例分别为壤中流 61.5%、46.0%、45.7%,地下径流 46.3%、33.8%、27.0%。三次降雨中,坡地地下径流在峰值时段的比例为 31.5% ~ 66.7%。表 5-7 是对上述峰值时刻前期水分所占比例的简单统计分析。

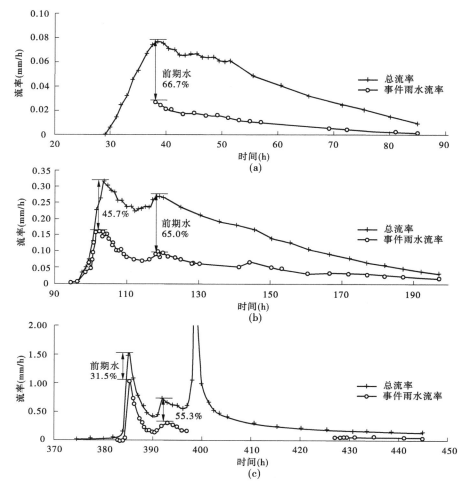

图5-9　0605次、0608次、0620次降雨的坡地地下径流水源分割

表5-7　径流峰值流率中前期水水源比例的统计分析

径流形式	比例均值（%）	标准偏差	n
区壤中	56.4	0.13	4
区地下	33.5	0.09	4
坡地下	58.2	0.10	5

　　由表5-7中可见,几次峰值时刻前期水分平均比例分别为:小区壤中流为56.4%、地下径流为33.5%,各自的标准偏差分别为0.13、0.09,这表明不论小区包气带前期水分状况和事件降雨的雨情如何,所产壤中流在峰值时刻前期降雨的组分约占了一半,而地下径流中相对较小,约占三成;与地下径流前期水分比例标准偏差相比,壤中流的偏差更大,说明前期水分含量、事件降雨雨情等外界因素对单次壤中产流峰值流率具有更明显的影响。继续分析对比小区壤中流、地下径流峰值中前期水组分比例可以进一步明晰产流过程与

机制。以0605次降雨为例,小区壤中流和地下径流几乎在同一时刻(32时前后)达到峰值,此时壤中流流率为1.03 mm/h,其中事件雨水组分为0.28 mm/h,而处于更深包气带层位的地下径流出流率分别为2.06 mm/h、1.51 mm/h。深层出流率比浅层出流率大,这显然完全违背了达西定律,即渗流量与渗流路径长度的正比关系,说明在这一过程中优先流非常突出。同时对比壤中流、地下径流中事件雨水组分的比例也可以看出,地下径流中雨水的比例更大,进一步说明地下径流的水源并非是被活塞式驱替而来的位于浅层包气带的前期水分(土壤水),而是直接以优先流形式进入较深层包气带(母质母岩层)的降水事件。

坡地地下径流为58.2%,标准偏差为0.10,说明坡地形成的地下径流峰值中前期水分是主要水源,且该水源在每次的产流中均具有较稳定的水源比例。对比小区地下径流,其峰值流率大但前期水分比例较低,而坡地地下径流的峰值流率小但前期水分比例较高,这反映了包气带厚度对出流率及水源组成的影响:更厚的包气带可以储存更多的前期水分,因此在一定的事件水入渗补给组成的径流中自然占有更高的比例。

5.3.3　水分的驻留时间

水分驻留时间可反映水分在包气带中的交换过程,驻留时间的长短是养分有效利用、污染物迁移的重要影响因素。前期包气带水分条件、降雨事件的降雨特点和包气带特性均对水分驻留时间有重要影响。从每次产流的水源变化可以判断降水在包气带内的驻留时间。

在本书涉及的四次降雨事件中,0529次降雨作为前期降雨,是最早的一次,它是0605次降雨产流壤中流和地下径流的主要水源,占有较高比例;而在第0608次降雨产流中,该次水源在壤中流中不再明显,但仍是地下径流水源的重要成分,这表明在0605次降雨影响下,浅层包气带(土壤层)中来源于0529次降水的水分基本消失,而在较深层包气带(土壤母质层和母岩层)中尚有存余,并且在以地下径流形式输出期间保持有一定的比例,说明深层土壤水分相对浅层土壤水分对地下径流的形成具有更重要的贡献。0620次降雨产流的径流水源中,已没有0529次降雨的氢氧同位素特征,据此可推断在0620次降雨,小区包气带中已经基本不存在来自0529次的降雨,早期的降雨对径流的影响逐渐消失;结合0608次降雨地下产流的最终消退时段为6月14日前后(小区产流过程图中235时段左右)可知,0529次降雨在较深层包气带(土壤母质层和母岩层)中的驻留时间约16 d。浅层包气带(土壤层)中0529次降雨在0608次降雨后即6月8日后基本输出,据此可认为其驻留7~8 d。

在0608次降雨产流期间,0605次降雨作为前期降雨和本次降雨一起构成了壤中流的主要水源,说明0605次降水在6月8日降雨期间尚存在于浅层包气带中;在0620次降雨产流中,0605次降雨水分仍然是小区壤中流的主要水源之一,在地下径流中的前期产流阶段也尚有部分存留;到了0624次降雨时段,地下径流水样的同位素值已经完全偏移到0608次降雨同位素值的左下方,很大程度上说明0605次降雨水分不再参与形成地下径流,由此可推断进入较深层包气带的0605次降水已经基本从该土层输出;在浅层包气带(土壤层),与第三次产流相比,壤中流水样同位素值愈加偏离0605次降雨同位素值而更加靠近 0608 次降水的同位素值,表明 0605 次降雨的水分在逐渐减少,但仍然存在。第四次产流的壤中流在 6 月 25 日结束(498 时);据此推断,0605 次降雨水分在浅层包气带中历时约 20 d 后仍然存在。地下径流水样的同位素值在 6 月 20 日约 14 时便全部小于 0608 次降雨同位素值,这表明来自 0605 次降雨的水分在较深层包气带中驻留约 15 d 后通过径流、蒸发和植物利用的方式大量损耗。

国外学者对水分驻留时间也多有研究,韩国学者 Lee 借助氢氧同位素 D 盈余评价的韩国普济岛不同深度土层的水分驻留,结果显示 30 cm、60~80 cm 深度的平均驻留时间在 74 d 和 198 d 作用;日本地区类似的研究也有相似的结构。可见,不同包气带层位水分驻留时间的特点——浅层驻留时间变化大,而较深层较稳定。

5.4　紫色土坡地产流机制分析

降雨径流问题是水文循环的关键组成部分,其研究的主要内容是降雨—径流关系、地表水和地下水相互转换的规律,稳定性氢氧同位素技术为这些研究提供了新的技术。

5.4.1　小区产流机制

第一次降雨产流过程:

由图 5-10 中 20~60 h 时段可见,在 0605 次降雨影响下,小区的地下径流部分要先于壤中流首先开始响应降雨,在降雨开始后 6 h,即 30.5 时开始产流;32.5 时壤中流也开始发生,比地下径流延后 2 h。产流初期的 2 h 内,地下径流水样的 D 同位素值在 −29.34‰~ −26.98‰,紧邻本次降雨的同位素值,表明降雨在径流初期占主导地位,可能是大孔隙的优先流形式主导地下径流的产生;此后随着降雨的减小和停止,径流过程水样同位素值是逐渐远离本次降雨的,而逐渐向前期降雨同位素值(0529 次降雨,δD 值为 −68.26‰)衰减并最后趋于稳定。壤中流变化情况与地下径流情况类似,但其初始同位素值离本次降雨同位素值(δD 值为 −48.71‰)较远,在产流初期的 2 h 内径流水样同位素值降低的速率更快。

本次产流的前期特点:地下径流先于壤中流发生,说明降水在通过土壤层和母质母岩层到达基岩界面的过程中速度快。也说明在地下径流产流的前期时段是以途经大孔隙或岩层裂隙的优先流为主,反映出非均质性产流的特点。从径流水源角度而言,前期阶段径流中来自降雨的组分含量较高,这也是优先流的特点决定的:进入包气带的降水并没有与其中的前期所存水分因为机械弥散现象而充分混合,而直接从大孔隙和裂隙中输出了较深层包气带,少量的土壤水参与到初期径流形成。本书所指的壤中流主要是位于土壤层中的侧向水流,其前期产流特点与地下径流的相似。

本次产流的后期特点:径流过程水样的同位素值趋向前期降雨事件,这是产流后期的最重要特点。一方面,在产流后期,进入包气带的降水与前期水分随着时间的持续发生着充分的机械弥散作用,这使得二者的混合越来越充分,更多的土壤水被激活而参与到径流的形成;另一方面,由于降雨的停止,包气带产流的外界供水水源也随着终止,这又使得优先流这种径流形式因水源减少而无法持续。与此同时,包气带水分状况尚处于较高的状

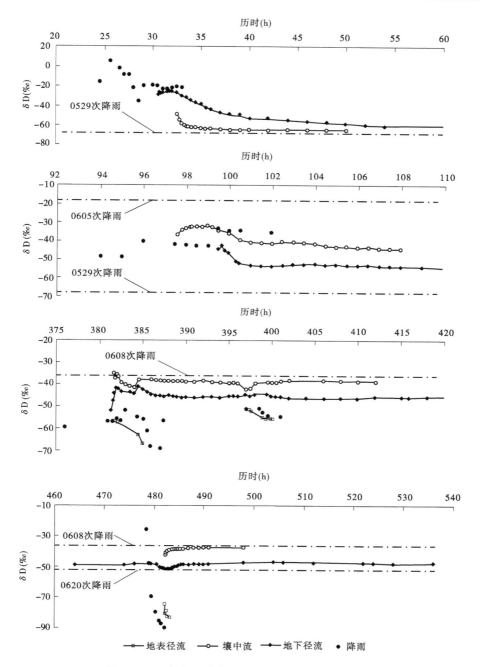

图 5-10　四次降雨影响下小区产流过程的同位素变化

态,位于较大孔隙(毛管孔隙和大孔隙、裂隙之间的孔隙)间的水分因为重力作用而不断下渗,因此基质流逐渐成为主导。因此,也可以说后期阶段的产流更体现出均质性介质产流的特点。

第二次降雨产流过程:

与第一次降雨产流有诸多不同。首先表现在壤中流、地下径流发生的先后顺序上。由图 5-10 中 92～110 h 时段可见,在历经约 3.5 h 的降雨后,小区首先产生了壤中流,再经过约 2 h 才产生了地下径流。对比第一次初始产流时间,从初始降雨到产生壤中流历时约 8 h,产生地下径流历时约 6 h。由前文有关章节可知,这和两次降雨产流的前期包气带水分状况有密切关系,总体来讲本次降雨前期阶段土壤水分状况较高。这也明显影响了本次降雨的主要产流方式——活塞式产流。本次产流过程水样的同位素信息非常生动地记录了这一方式的过程:开始产流后的 2 h(97.6～99.5 h)内,壤中流过程水样的同位素值(δD 值为 −97.60‰)逐渐由临近降雨(δD 值 −41‰左右)趋向前期水源(0605 次降雨 δD 值为 −18.31‰),这表明土壤层的前期水分不断地被本次降雨所驱替并以壤中流的形式输出到本土壤层;在 99.5～102 h 时段,又迎来一次降雨峰值,而与前一时段降雨同位素值相比,该次峰值带来的降水同位素值发生了明显差异(由约 −40‰变至 −35‰),在该时段降雨影响下,壤中流过程水样同位素值又逐渐向前期时段(97.5～99 h)降水同位素值趋近,亦说明土壤层的水分不断以活塞式被驱替而流失。与此同时,被驱替的部分前期时段(97.5～99 h)的降水水分继续下渗,形成了地下径流。

本次降雨的初始阶段和消退后期同样体现出非均质性和均质性产流的特点。

第三次降雨产流过程:

由图 5-10 中 375～420 h 时段可见,降雨一开始,小区的地下、壤中以及地表便在非常短的时间(20～40 min)内快速响应降雨产流。由前文章节对该次降雨事件降雨要素的描述可知,本次降雨属于突发性大暴雨,降雨强度大。三种形式的径流几乎同时发生,反映出本次产流的初始时段的鲜明特点:同时发生着地下的优先流和地表的超渗形式产流。在产流前期阶段(381～382.5 时),各种径流形式的同位素变化如下:地表径流总体随降水同位素变化;地下径流同位素(δD 值为 −52.02‰)由紧邻降雨同位素快速趋向前期雨水同位素值(0608 次,δD 值为 −36.37‰);壤中流由临近前期降水同位素值向本次降雨同位素值趋近,进一步表明,在该时段内地下径流是优先流为主导的产流方式,地表径流是超渗产流。在 382.5～384 时段降雨减小,地表径流消失,壤中流和地下径流仍在持续,其同位素值均趋向本次降雨同位素值;在 384.5～385 时段,降雨加剧,地表再次产流,此时段内壤中流、地下径流同位素值均急剧趋向前期降水同位素值;此后(384.5 时以后)地下径流同位素值在短暂的时段内接近前一时段(382.5～384 时)末期的壤中流同位素值;这三个时段内径流同位素的显著变化表明,在低降雨强度下,本次降雨水分与前期水分存在快速的混合,而这些具有一定混合程度的水分再次遇到了大强度降雨后又被快速驱替并以壤中、地下径流的形式输出。其中,浅层包气带(土壤层)的部分水分下渗都较深层包气带(母质和母岩层),这一过程也表现出活塞式产流的特点。

在以后时段,地表再没有产流,壤中流、地下径流过程水样同位素值趋于稳定。在 397～401 时的时段内再次降雨时,产生地表径流;地表径流同位素值紧随降雨过程同位素变化,壤中流同位素值也明显受到降雨影响而出现波动,而地下径流同位素值变化并不明显,这表明优先流在地下径流中不再占主导地位;据此可以断定该时段产流属于蓄满产流阶段。

从第四次降雨产流的同位素值变化情况来看,本次产流相对简单,即产流初期也以优先流为主,后期以基质流为主。具体过程不再做详述。

5.4.2　坡地与小区尺度地下径流与同位素过程比较

（1）变化趋势图 5-11 中是四次降雨事件产流情况下坡地地下径流与小区产流过程的同位素变化比较。由图 5-11 可见,整个产流过程中地下径流的同位素波动要明显的小于小区的壤中流和地下径流。在降雨时段,其同位素值快速反映趋近于降水事件同位素值,降雨结束后产流的退水阶段则又逐渐偏离降雨事件的而趋近前期包气带水分的同位素值。这种变化趋势和小区径流的类似,但四次事件后都趋向更接近集水区地下径流的年平均值（所供比较的值来源于井水,下文简称年均值）。这主要是因为坡地具有更厚的包气带,所以对降雨的调节能力更强。包气带是一种特殊的水库,对降雨有很强的调蓄能力。

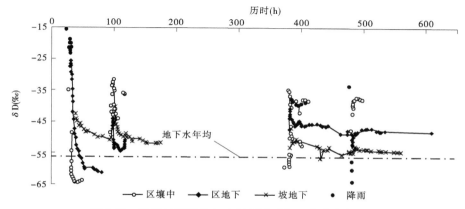

图 5-11　坡地地下径流与小区径流过程同位素变化比较

本书涉及课题的前一阶段工作对实验区所在集水区的地下径流同位素进行了一年的监测（2012 年 4 月至 2013 年 4 月）,监测结果显示,集水区地下径流的氢氧同位素值在（ −7.23‰, −47.84‰）到（ −10.64‰, −75.12‰）,其平均值为（ −8.28‰, −56.24‰）。由图 5-11 可见,本书所监测的几次坡地产流后期阶段的同位素趋稳值处于上述年均值范围之内,说明坡地地下产流的水源来源具有一定的稳定性。

进一步比较四次降雨产流后期的径流同位素的趋稳值可知,四次产流趋稳值分别约为 −50‰、−52‰、−54‰和 −55‰,呈现逐渐贫化至年均值的趋势。这表明,地下径流水分来源具有一定稳定性的同时,也受到了一定的影响而出现波动;显然这些影响来自前期事件雨水。

（2）判断前期水分同位素值。结合前文对小区径流水源的判断和上述坡地地下径流同位素特点,可以进一步评定坡地径流的水分来源并确定地下径流水源分割的前期事件水分同位素参考值,即坡地地下径流水源由降雨事件的雨水和驻留在包气带中的多次前期降雨水分组成,前期水分同位素值可参考年均值来确定;当事件降雨的几次前期降雨同位素值大于集水区地下水年均值时,选取集水区地下水同位素的最大值作为前期水分同位素参考值,反之则选最小值。

　　本书在径流水源分割中,把地下径流的前期水源(基流)同位素值作为"旧水"。具体采样值分为两种情况:①如果降雨事件的前期降雨(一次或多次)同位素值大于地下水的均值,则前期水同位素取地下水的最大值,反之则取最小值。在一个水文年的初期和末期,优先考虑采样平均值作为基础。根据以上条件,对本书所观测的四次降雨事件的前期水分同位素值取前两次降雨事件(0605 次和 0608 次)为 − 56.24‰,后两次降雨事件(0620 次和 0624 次)为 −47.84‰。

　　径流水源分割的前期水分同位素值见表 5-8。

表 5-8　径流水源分割的前期水分同位素值

监测地块	降雨事件	前期水分同位素值		备注
		$\delta D(‰)$	$\delta^{18}O(‰)$	
小区	0605 次	− 10.59	− 68.26	0529 次降雨同位素
	0620 次	− 4.72	− 24.52	0608/0605 次降雨同位素均值
坡地	0605 次	− 8.28	− 56.24	地下水年均值
	0608 次	− 8.28	− 56.24	地下水年均值
	0620 次	− 7.23	− 47.84	地下水年最大值

5.4.3　水分来源分析

　　通过利用径流过程水样的、本次降雨事件的和前期降雨的氢氧同位素关系判断了径流水分的来源。对比径流和前期降水的同位素关系后认为,0529 次降雨在浅层包气带(土壤层)中驻留 7~8 d,在较深层包气带(土壤母质层和母岩层)中的驻留时间约为 16 d。0605 次降雨水分在浅层包气带中历时约 20 d 后仍然存在,在较深层包气带中驻留约 15 d 后基本消失。

　　紫色土坡地浅层包气带(土壤层、母质母岩层深度约 120 cm)中前期水分同位素可用事件降雨前期的一两次降水的同位素均值表示,而深层包气带(不透水基岩层以上,约 300 cm)中前期水分的同位素值则可参考事件降雨的前期降水同位素值,采用该集水区地下水同位素一个水文年中的最大值、最小值或均值。相关数据显示:

　　第一次降雨(0605 次)小区的壤中流、地下径流水分由本次降雨和前期降雨组成;且壤中流以储存在土壤中的前期雨水为主;在产流峰值时刻前期水分占到壤中流峰值总产流率的 72.5%;地下径流也占到了 26.9%;地下径流从初始产流到消退的整个过程中,两种水源比例变化较大。坡地地下径流峰值时刻前期水分也占到了 66.7%。

　　第二次降雨(0608 次)所产生的壤中流水源主要来自本次降雨和 0605 次降雨的水分;而地下径流中不仅有本次降雨和 0605 次降雨的成分,0529 次降雨所提供的水源也依旧占有一定的比例。因为该次降雨过程同位素差异大且变化趋势不定,因此不适合作径流水源分割。坡地地下径流两个峰值时刻前期水分分别占到了 45.7%、65.0%。

　　第三次降雨(0620 次)属于突发性大暴雨,但这次的两种径流的水源却与 0608 次、0605 次的降雨关系更密切;降雨过程出现了三次峰值,前期水分比例分别为壤中流

61.5%、46.0%、45.7%,地下径流 46.3%、33.8%、27.0%,坡地地下径流所监测到的前两次的值相应为 31.5%、55.0%。

几次峰值时刻前期水分平均比例:小区壤中流为 56.4%、地下径流为 33.5%、坡地地下径流为 58.2%,各自的标准偏差分别为 0.13、0.09 和 0.10。这表明不论是小区包气带前期水分状况还是事件降雨的雨情,壤中流峰值时刻前期水分都占有很大比例;前期水分亦是坡地地下径流峰值的主要水源,且该组水源在每次的产流中均具有较稳定的水源比例。

5.4.4　产流机制分析

产流的前期特点:地下径流先于壤中流发生,说明降水在通过土壤层和母质母岩层到达基岩界面的过程的速度很快,也说明在地下径流产流的前期时段是以途经大孔隙和岩层裂隙的优先流为主,反映出非均质性产流的特点。从径流水源角度而言,前期阶段径流中来自降雨的组分含量较高,这也是优先流的特点决定的:进入包气带的降水并没有与其中的前期所存水分因为机械弥散现象而充分混合,而直接从大孔隙和裂隙中输出了较深层包气带。本书所指的壤中流主要是位于土壤层中的侧向水流,其前期产流特点与地下径流的相似。

产流的后期特点:径流过程水样的同位素值趋向前期水源,这是产流后期的最重要特点。一方面,在产流后期,进入包气带的降水与前期水分随着时间的持续不断进行着机械弥散作用,这使得二者氢氧同位素的混合越来越充分;另一方面,由于降雨的停止,终止了包气带产流的外界水源供给,因而水分首先从优先流通道消退,进而优先流消失。与此同时,包气带水分状况尚处于较高的状态,位于较大孔隙(毛管孔隙和大孔隙、裂隙之间的孔隙)间的水分因为重力作用而不断下渗,从这时起大孔隙、裂隙等优先流通道对于水分下渗不再产生影响,故基质流逐渐成为主导。因此,也可以说后期阶段的产流更体现出均质介质产流的特点。付智勇等在对不同厚度紫色土坡耕地利用常规水文学方法研究中也有相似结果。

对于紫色土坡地亚地表径流的产流方式,可从不同角度来认识。从降雨过程来看,包气带结构对产流过程中每个时期的产流方式具有决定性作用:在产流的上涨和快速消退阶段,紫色土地坡包气带以优先流为主,即非均质性产流;而在降雨停止后径流的缓慢消退阶段则主要为基质流,即均质性产流;在二者中间则均质性、非均质性产流共存,且雨强增大时优先流重要性增加。就雨强和包气带入渗性能角度而言,主要为超渗产流和蓄满产流分析产流方式;而在具有高渗透性能的紫色土浅层包气带(土壤层)中,很难发生超渗产流现象。

5.5　小　结

(1)产流过程特征。紫色土坡耕地亚地表径流(壤中流、地下径流)产流过程总体上呈现快速上涨、快速消退和缓慢消退三个阶段,其中壤中流缓慢消退阶段不明显。快速上涨阶段历时极短,一般在 30 min 左右即可完成;快速消退阶段的历时受雨强影响明显;缓慢消退阶段是包气带由高储水状态逐渐脱水的过程,历时与降雨量和包气带水力学特性相关。上涨阶段和快速回落阶段所形成的尖峰,是紫色土坡地亚地表径流过程线的鲜明特征。

从产流的初始时间来看,在一般降雨等级下(本书观测的为中雨到小型暴雨等级情况),紫色土坡地的包气带首先从较深的部位开始产流,然后由深层部位向浅层部位发展。从降雨要素角度而言,在促发小区壤中流、小区地下径流和长坡地地下径流初始产流阶段,各种径流的主要动力因子不尽相同。其中,小区壤中流初始产流的激发因子为雨量,小区地下径流初始产流的激发因子为雨强,长坡地地下径流初始产流的激发因子是雨量。同样为地下径流,小区和长坡地的激发因子不同,这和二者的包气带特性以及其中的水分状况有关。

(2)流率峰值与前期雨强的关系。峰值来临前时段内最大雨强是促成流率峰值的关键。其中,各种形式的径流峰值流率与峰值前最大 30 min 雨强相关性最佳,分析峰值流率与不同时段最大雨强的关系有助于理解径流对降雨的响应敏感度;基于这一认识,本书分析了拟合方程的结构和各项参数及其物理意义。临近流率峰值出现前的时段最大雨强会以一定的比例参与流率峰值的形成。流率峰值出现前的 60 min、45 min、30 min、15 min 等几个时段内的最大雨强对应方程的系数,可以反映亚地表径流对降雨响应的敏感度。因此,可以把上述系数称之为时段最大雨强—流率峰值转化系数。回归方程中的常数项,反映了包气带水分含量处于较高状态(蓄水达到或接近饱和)时,在相应最大时段雨强供水的环境下(动能环境),包气带相应层位的径流形式的稳定流率。该常数与相应雨强时段内的降雨量无关,而跟其提供的供水环境有关,比如降雨动能对包气带水分的压力等。最大 30 min 雨强供水环境下,该常数,即稳定流率在小区壤中流、地下径流、长坡地地下径流形式中分别为 2.31 mm/h、2.98 mm/h、0.50 mm/h;通过对雨强—流率峰值的回归方程的认识,本书认为,降雨对亚地表径流的产生来说,不仅仅是提供了径流水源的作用,更关键的是为包气带的产流创造了一定的动力学环境。

(3)产流总量及产流系数分析。在分析次降雨过程中径流过程线的水源组分的基础上计算了次降雨事件下各形式径流的产流总量,并与降雨量做了相关的分析。结果表明,小区壤中流中二者呈极显著正相关;而与小区地下径流、长坡地地下径流的相关性差,说明地下径流产流量与降雨量关系不大。据此推测,包气带前期水分状况对亚地表径流产流量的作用比次降雨量更为重要。

(4)紫色土坡耕地的产流方式以地下径流为主,地表径流只在较大雨强时出现。坡地径流量与前期土壤含水量、雨强和降雨量等多种因素相关。地下径流产生早于壤中流,两者的流量峰值出现在雨强峰值之后,地下径流峰值流量略晚于壤中流。利用整个土体前期土壤水 $\delta^{18}O$ 均值与降雨累计 $\delta^{18}O$ 均值计算径流中两者所占的比例得出,地表径流水源主要来自于径流发生时的降雨,为超渗产流;前期土壤水在壤中流与地下径流所占比例在 58% ~ 89%,其中地下径流前期土壤水所占比例略高于壤中流。"旧水"(前期土壤水)是坡地地下径流的主要水源。当前期土壤含水量高、降雨强度较大时,前期土壤水在径流初期所占的比例较小;而前期土壤含水量较小或雨强较低时,前期土壤水在产流初期径流所占比例较高。在整个径流过程中,前期土壤水所占比例与径流量负相关,存在降雨对径流的优先流补给途径。

（5）根据降雨—径流中对不同土层土壤水 $\delta^{18}O$ 变化观测得出,在前期土壤含水量较高和降雨强度较低的情况下,参与地下径流的前期土壤水主要来自表层土壤(0 ~ 10 cm),表层土壤水与降雨混合样通过如玉米根系形成的孔隙等快速通道,补给地下径流;壤中流的产生与降雨强度关系密切,当降雨强度大于土壤入渗率时产生壤中流,在该层上产生径流。壤中流发生层随径流过程逐渐降低,更多较深层土壤水参与到壤中流中。

第6章 紫色土坡耕地径流过程中
氮素迁移规律

　　盐亭地区水体中特别是当地居民饮用的地下水中硝酸盐含量偏高,可能是该地区成为食道癌高发区的重要诱因之一。该地区的河流、塘库也遭受着水体富营养化的威胁。农田非点源污染是该地区水体中各种形态氮含量偏高的重要原因。农业非点源污染不但对该地区居民健康、生态环境构成了威胁,同时影响着长江中下游地区的水环境安全。坡耕地是氮污染的重要输出源之一,本章通过对坡地径流过程中各种形态氮的监测,结合利用氢氧同位素分割径流水源的结果,去阐明坡地径流水源在坡耕地的非点源污染中的影响机制。

6.1　坡耕地各种形态氮迁移规律

　　同次降雨—径流过程中,3个小区各种形态氮随壤中流、地下径流迁移的特征基本相同,本书以实验小区1为例讨论径流过程中的氮素迁移规律。三次降雨—径流过程各种形态氮变化见图6-1。由前文可知,在坡地径流过程中产生的地表径流较少,所采集的地表径流样品有限,所以没有列出。地表径流总氮和各种溶解态氮浓度较壤中流、地下径流低,主要以颗粒态氮流失,由于其径流量极少,在本实验中地表径流并不是氮迁移的主要途径,所以没有在这里做重点分析。

　　三次降雨事件中,壤中流按照流量加权 TN 均值浓度依次为 10.45 mg/L、9.94 mg/L 和 5.18 mg/L,地下径流 TN 均值浓度分别为 10.37 mg/L、9.28 mg/L 和 5.72 mg/L,前两次降雨中,壤中流中的 TN 浓度略高于地下径流。三次降雨—径流间比较:径流中 TN 浓度随雨季的进行逐渐降低。实验小区在玉米季初期(5月)施肥后不追加施肥,即在 5 月刚施肥后,土壤中氮源是最多的,而后由于降雨淋溶、转化为气态排放、植物吸收等,土壤中的氮素在雨季是一个逐渐减少的过程。所以,随着雨季的进行土壤氮源逐步减少,导致了坡耕地径流中氮素的输出也是一个减少的过程。汪涛等通过多年的研究数据得出,在降雨充沛时,壤中流硝酸盐流失通量随雨季的进行是一个减小的过程。

　　TN 主要以可溶态氮的形式随壤中流与地下径流迁移,其中 NO_3^-—N 占到了可溶态氮的绝大部分,TN 在径流过程中变化趋势也基本与 NO_3^-—N 变化相同。径流中 NH_4^+—N 含量很低,径流过程中也没有较大的变化。NO_3^-—N 随径流过程变化显著,且三次降雨—径流过程中的变化有所不同,下面对三次降雨—径流过程中的 NO_3^-—N 进行逐次讨论:

　　7月22日降雨事件中,壤中流中 NO_3^-—N 浓度变化总体上是一个减小的过程:在产流初期 NO_3^-—N 浓度很低,快速升高后就呈一个逐步下降的趋势,在峰值流量处有一个与流量的负相关关系。地下径流中 NO_3^-—N 浓度在产流初期随流量减小而增大,在峰值流

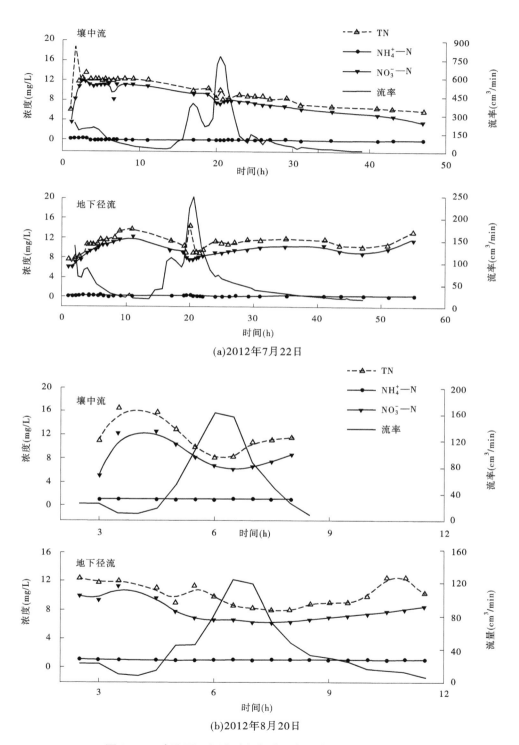

图 6-1 三次降雨—径流过程各种形态氮变化 (实验小区 1)

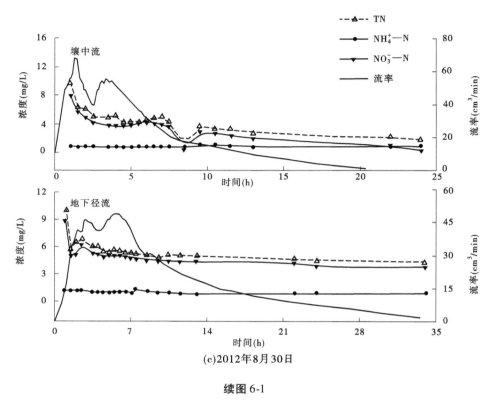

(c)2012年8月30日

续图 6-1

量处减小,在退水过程中又逐步增长,在径流前后期没有太大变化。

(2)8月20日降雨—径流过程历时较短,壤中流与地下径流中 NO_3^-—N 浓度变化规律相一致,整个径流过程中存在着与径流量的负相关关系,本次径流中 NO_3^-—N 浓度较高可能是前期的干旱所导致

(3)8月30日降雨事件中壤中流与地下径流中 NO_3^-—N 浓度变化也展现出相一致的变化规律:NO_3^-—N 在产流初期浓度处于最高值,随径流过程逐步降低,整个变化过程与径流量无关。

朱波等通过长期野外实验得出,壤中流是紫色土硝酸盐淋失的主要通道,本书也再次证实了此种观点。汪涛等对两次历时较短的壤中流监测发现,径流过程中 NO_3^-—N 浓度不断上升,后期趋于稳定。汪涛等所发现的现象与本书8月20日降雨—径流中 NO_3^-—N 浓度变化规律相一致,并且本实验在对历时较长的径流过程进行监测时,发现了不同的 NO_3^-—N 迁移规律。接下来本研究利用同位素示踪技术通过对径流水源的确定,从水源角度来解释硝酸盐等非点源污染物的迁移。

6.2　径流水源对硝酸盐迁移的影响

硝酸盐离子与土壤颗粒是负电离子,相互排斥,所以 NO_3^-—N 主要存在于土壤水中。第5章利用同位素技术计算出了各径流组分中前期土壤水与当次降雨所占比例以及随径

流过程的变化,用径流过程中前期土壤水的贡献率变化与 NO_3^-—N 浓度变化相关性分析得出,在 7 月 22 日降雨事件中除小区 2 的地下径流外,其他径流过程中 NO_3^-—N 浓度随前期土壤水对径流贡献率的增加而变大,两者间存在着显著的线性相关关系(见表 6-1),但对后两次降雨—径流的分析中却没有发现这种关系。可能是由于第一次降雨发生在雨季前期,土体中留有较多的氮肥,在整个坡面的分布较一致。本次降雨推压或混合前期土壤水形成径流,存在于土壤水中的 NO_3^-—N 也随之进入径流中。经过第一次降雨的淋洗后,土壤中的 NO_3^-—N 含量显著减少,并且在整个坡面上的分布情况出现较大的差异,所以造成了径流中前期土壤水的贡献率与 NO_3^-—N 浓度的不相关,而不相关性可能仅仅是利用同位素技术分割径流水源的局限性所导致的:在量化前期土壤水对径流的贡献率时只是采用了整个土体的平均 $\delta^{18}O$,而不能对不同土层、不同坡位的土壤水贡献分割。王涛等通过土壤水与降雨混合实验得出,在土壤中由于土壤颗粒的存在,两水体混合 $\delta^{18}O$ 达到平衡需要较长的时间。在土壤中两水体水分子交换需要一定的时间,而溶解于水中的 NO_3^-—N 交换也应该需要较长时间。水分子与 NO_3^-—N 在水体中的互换速率可能是不相同的,在前期土壤水与降雨混合时间较长的后两次降雨中,两者间混合速率的差异被放大,这也可能是后两次降雨—径流过程中前期土壤水与 NO_3^-—N 浓度不相关的原因。

表 6-1 径流中前期土壤水与硝酸盐浓度的关系

采样日期	采样地点	前期土壤水含量与硝酸盐浓度拟合方程	P	R^2
7 月 22 日	小区 1 壤中流	$y = 15.7x - 0.6$	<0.001	0.57
	小区 1 地下径流	$y = 11x + 2.69$	<0.001	0.47
	小区 2 壤中流	$y = 36x - 5.96$	<0.001	0.77
	小区 2 地下径流		0.16	—
	小区 3 壤中流	$y = 44.5x - 13.9$	<0.001	0.32
	小区 3 地下径流	$y = 25x - 3.71$	<0.001	0.70

在 7 月 22 日降雨事件中,同小区壤中流与地下径流间不存在前期土壤水贡献率与 NO_3^-—N 浓度相关关系。前期土壤水对地下径流的贡献率普遍高于壤中流,但壤中流中的 NO_3^-—N 浓度高于地下径流。3 个小区间也不存在这种相关关系,前期土壤水对 3 个小区径流的贡献率相差不大,但径流中 NO_3^-—N 浓度存在着明显的差别:小区 3 > 小区 2 > 小区 1。这种情况同样可以归结于量化水源的不确定性,前期土壤水 $\delta^{18}O$ 的选取上也可能存在一定的误差。

6.3 小 结

(1)地下径流是坡耕地氮素流失的主要途径,其中壤中流 TN 浓度略高于地下径流。NO_3^-—N 是氮素流失的主要形态,径流中 TN 与 NO_3^-—N 变化趋势相似。NO_3^-—N 浓度在流量峰值出现时有明显降低,当降雨—径流历时较长时,NO_3^-—N 浓度在整个径流过程中有较显著的下降趋势;当径流过程历时较短时,退水过程径流 NO_3^-—N 浓度与径流初期相当。在整个雨季中,在雨季初期径流 NO_3^-—N 浓度较高,随雨季的进行,浓度逐渐降低。

（2）利用氢氧同位素分割出径流过程中前期土壤水与降雨比例的变化,与径流过程中 NO_3^-—N 浓度变化拟合发现,7 月 22 日降雨—径流过程中 NO_3^-—N 浓度随前期土壤水在径流中所占比例增加而升高,两者呈正相关关系。但在后两次径流中 NO_3^-—N 浓度较低时没有发现这种关系。

第7章　紫色土坡地典型植物水分来源研究

如前文所述,植物体中的氢氧元素主要来自自身吸收的水分,而植物所能利用的水分主要来源于降水、土壤水、径流和地下水,但由于物理过程、集水盆地的大小和海拔、地下蓄水层的深度和地质特征、土壤亚表层水分的溶解性和水分运动速度等的差异,不同来源的水分具有不同的氢氧同位素特征值。而前面的研究也进一步证实了不同潜在水源的氢氧同位素组成是不同的。但是,水分被大多数植物根系吸收后,从根向叶沿木质部向上运输是以液流方式进行的,不存在汽化,因而在这一过程中并不发生氢氧同位素的分馏。所以,除了排盐种,木质部中氢氧同位素值未因蒸发或新陈代谢导致的分馏被认为可以反映植物的水分来源。尽管近些年有些研究也质疑该结论,但本章基于我们研究的植物在从根系经茎干到叶片以前不发生同位素分馏。因此,本章将基于土壤水氢氧同位素(降水转化为土壤水)和植物水氢氧同位素特征分析,利用 Isosource 模型得出紫色土坡地典型农作物、草本、灌木、乔木等的水分利用策略。

7.1　潜在水源土壤水的氢氧同位素特征

在 2016 年 6 月至 2017 年 5 月研究期间,选取前 1 天无雨、前 3 天无雨、前 5 天无雨、前 11 天无雨的 4 次采样比较坡耕地土壤含水量的变化,见表 7-1 和图 7-1。

表 7-1　土壤含水量采样前天气概况

季节	日期(年-月-日)	降雨情况	日均温(℃)
夏季	2016-07-11	前 1 天无雨	29.8
	2016-06-29	前 3 天无雨	26.4
冬季	2016-12-22	前 5 天无雨	5.5
	2017-01-06	前 11 天无雨	9.7

从表 7-1 和图 7-1 中可以看出,2016 年 7 月 11 日日均温最高,为 29.8 ℃;2017 月 1月 6 日前历经的无雨天数最长,达 11 d,但土壤含水量最高,因为在冬季没有受到蒸发效应的影响。虽然 2016 年 6 月 29 日历经了 3 d 无雨期,但该天的土壤含水量仍比 2016 月7 月 11 日的高,这极大可能是由 2016 年 7 月 11 日气温高、蒸发强烈造成的。而 2017 年1 月 6 日比 2016 月 12 月 22 日历经的无雨天数长、日均温也高,但土壤含水量却还要高,由此猜测可能是一些雾气、露水等凝结水贡献的。总体上来看,夏季由于气温高、蒸发强烈,整体土壤含水量都偏低,但土壤含水量随着土壤深度先减少后增加,20 ~ 30 cm 处含水量最低,因为这里往往容易形成犁底层,坚硬,含水量低。而冬季土壤含水量较高,但随着土壤深度的增加变化剧烈,尤其表现在 10 ~ 30 cm 的土层。从土壤含水量的动态变化

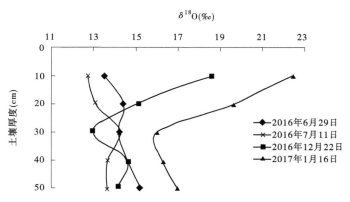

图 7-1　土壤含水量的动态变化

中可以看出夏季植物容易遭受"水分胁迫"。

　　在 2016～2017 年实验期间,分别在林地(森林生态系统)和坡耕地(农田生态系统)中进行土壤样品的采集,共采集土壤样品 230 个,其中森林土壤样品 140 个、农田土壤样品 90 个。其土壤水中的同位素组成统计特征见表 7-2。

表 7-2　土壤水样的同位素组成统计特征

取样地	土层深度（cm）	样品数量	$\delta^{18}O(‰)$			$\delta D(‰)$		
			最小值	最大值	平均值	最小值	最大值	平均值
林地	0～10	14	−14.74	−3.01	−6.86	−95.10	−26.61	−52.37
	10～20	14	−16.43	−4.59	−8.14	−119.27	−26.12	−60.49
	20～30	14	−14.72	−5.30	−9.04	−97.52	−28.62	−61.15
	30～40	14	−15.05	−5.63	−9.36	−99.23	−27.60	−63.71
	40～50	14	−15.15	−4.43	−10.13	−99.47	−39.42	−67.81
	50～60	14	−15.78	−4.51	−9.80	−105.25	−36.00	−66.71
	60～70	14	−15.50	−6.16	−11.31	−122.05	−52.59	−80.32
	70～80	14	−14.89	−5.91	−11.92	−100.04	−60.71	−82.01
	80～90	14	−16.45	−4.30	−11.62	−124.04	−62.51	−82.81
	90～100	14	−14.19	−6.51	−11.58	−102.36	−63.99	−81.09
	平均值				−9.98			−69.58
坡耕地	0～10	18	−14.52	−2.00	−8.81	−107.13	−26.55	−61.29
	10～20	18	−14.58	−4.62	−9.36	−107.94	−27.62	−62.53
	20～30	18	−15.11	−5.03	−9.84	−105.28	−25.79	−65.16
	30～40	18	−15.23	−5.31	−10.82	−103.31	−26.83	−71.37
	40～50	18	−14.90	−4.27	−10.39	−99.40	−28.15	−70.71
	平均值				−9.84			−66.21

通过表 7-2 可以看出,林地土壤水 $\delta^{18}O$ 值的变化范围为 $-16.45‰ \sim -3.01‰$,平均值为 $-9.98‰$;δD 值的变化范围为 $-124.04‰ \sim -26.12‰$,平均值为 $-69.58‰$。坡耕地土壤水 $\delta^{18}O$ 值的变化范围为 $-15.23‰ \sim -2.00‰$,平均值为 $-9.84‰$;δD 值的变化范围为 $-107.94‰ \sim -25.79‰$,平均值为 $-66.21‰$。坡耕地土壤水氢氧稳定同位素平均值稍贫于林地,受到蒸发的影响要强于林地,但是林地有冠层截留,直接蒸发和减少降水补充,对林地土壤水分的氢氧同位素组成会产生间接影响。石俊杰在利用同位素原位监测技术分割农田蒸散研究中也得出滞留在农田浅层土壤中的水分发生同位素富集效应的结论。

图 7-2 为其中一次耕地和林地土壤水 $\delta^{18}O$ 值随土壤深度变化的特征。总体上来看,土壤样品中氧稳定同位素的变化具有一定的规律性:两个地点的土壤水 $\delta^{18}O$ 值总体上随着土壤深度的增加而变贫。不管是林地土壤水还是坡耕地土壤水,表层 $0 \sim 10$ cm 的同位素丰度较为富集,而后随着深度的增加逐渐贫化,但林地 80 cm 以下则保持一个比较稳定的状态,从样品来看该深度以下属于紫色母岩层。林地土壤表层氢氧同位素较为富集是由于受地表蒸发和树木截留水分受到蒸发的影响。但对深层的土壤,只有当降雨达到一定的量(超过截留量和表层土壤一定的补给量)时开始下渗,只有较贫的降雨才能达到一定深度,表现为深层土壤层中 $\delta^{18}O$ 值较小。

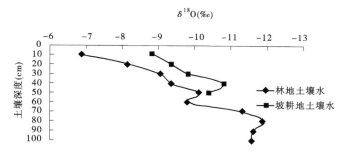

图 7-2   林地和坡耕地土壤水中 $\delta^{18}O$ 垂向变化特征

图 7-3 显示了林地、坡耕地 $\delta^{18}O$ 值在不同土壤深度之间的不同季节的分布特征。整体来看,一年四季当中,林地 $0 \sim 20$ cm 的土层氧同位素丰度均较高,而 40 cm 以下的土层同位素丰度则相对稳定,维持在 $-10‰$ 左右。由此可见,表层土壤受外界环境的影响比较大。但秋季比较特殊,$0 \sim 70$ cm 土层之间同位素含量变化较大,可能是秋季降雨集中,雨水在下渗的过程当中挟带重同位素冲刷到较深层土壤。坡耕地 $\delta^{18}O$ 值在春季和冬季呈现高的水平,而夏季和秋季 $\delta^{18}O$ 值含量较低,这符合有关大气降水 $\delta^{18}O$ 值含量的季节变化。

为了明确林地和坡耕地土壤水受蒸发影响的强度关系,将林地土壤水氢氧稳定同位素值、坡耕地土壤水氢氧稳定同位素值与雨水的氢氧稳定同位素值做线性回归分析,得到图 7-4。

该研究期内大气降水线方程是 $\delta D = 7.147\,1\delta^{18}O + 12.699$,林地土壤水建立的氢氧同位素关系方程是 $\delta D = 5.076\,8\delta^{18}O - 19.103$。发现林地土壤水方程与雨水方程相比,斜率和截距明显偏小,这说明土壤水分由于蒸发和混合树木的截留水等发生了强烈的同位素

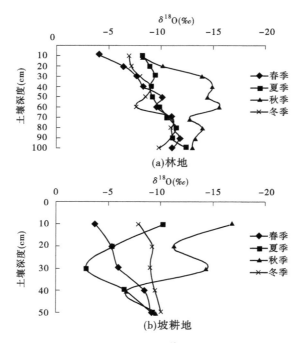

(a)林地

(b)坡耕地

图 7-3　不同土壤水中 $\delta^{18}O$ 垂向变化特征

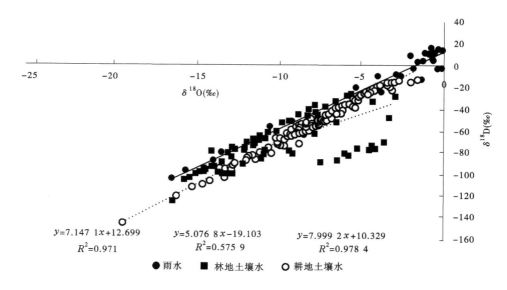

$y=7.147\ 1x+12.699$
$R^2=0.971$

$y=5.076\ 8x-19.103$
$R^2=0.575\ 9$

$y=7.999\ 2x+10.329$
$R^2=0.978\ 4$

● 雨水　■ 林地土壤水　○ 耕地土壤水

图 7-4　林地、坡耕地土壤水和雨水的氢氧同位素关系

分馏。这与贾国栋等对于侧柏林土壤水分的研究并不一致。他发现在北方地区侧柏林土壤的氢氧稳定同位素值与雨水的值十分接近,这说明:①林地土壤水的最主要补给来源为雨水;②林地植被覆盖率较高,蒸发强度相对较弱,而紫色土丘陵区处在亚热带,温度较高,蒸发强烈,尽管林地植被覆盖较好,但仍然要受到强烈蒸发的影响。

坡耕地土壤水方程是 $\delta D=7.999\ 2\delta^{18}O+10.329$,发现坡耕地土壤水方程与雨水方程相比十分接近,二者呈显著相关关系。这说明农田土壤水主要来源于大气降水。

7.2 植物水氢氧同位素变化特征分析

在截流堰小流域,在林地坡地和耕地坡地对农林生态系统中的典型植物(农作物、植被)中植物茎干水氢氧稳定同位素的特征进行取样分析。在 2016 ~ 2017 年实验期间,共采集植物样品 280 个,基本统计数据见表 7-3。

表 7-3 植物水样的氢氧同位素组成统计分析特征

植物种类	样品数量	$\delta^{18}O(‰)$				$\delta D(‰)$			
		最大值	最小值	平均值	标准差	最大值	最小值	平均值	标准差
柏树	84	-2.67	-14.77	-8.01	2.95	-24.93	-95.81	-57.00	17.36
黄荆	56	-2.05	-15.00	-8.17	4.15	1.40	-115.73	-55.25	29.68
茅草	28	-1.97	-15.11	-6.53	3.27	-14.17	-94.31	-49.07	22.47
小麦	80	1.81	-7.96	-4.42	2.41	-7.45	-91.97	-36.54	21.94
玉米	32	0.99	-10.40	-4.50	2.52	-53.57	-115.41	-84.76	15.09

通过表 7-3 看出,柏树 $\delta^{18}O$ 值的变化范围为 -14.77‰ ~ -2.67‰,平均值为 -8.01‰;δD 值的变化范围为 -95.81‰ ~ -24.93‰,平均值为 -57.00‰。黄荆 $\delta^{18}O$ 值的变化范围为 -15.00‰ ~ -2.05‰,平均值为 -8.17‰;δD 值的变化范围为 -115.73‰ ~ 1.40‰,平均值为 -55.25‰。茅草 $\delta^{18}O$ 值的变化范围为 -15.11‰ ~ -1.97‰,平均值为 -6.53‰;δD 值的变化范围为 -94.31‰ ~ -14.17‰,平均值为 -49.07‰。小麦 $\delta^{18}O$ 值的变化范围为 -7.96‰ ~ 1.81‰,平均值为 -4.42‰;δD 值的变化范围为 -91.97‰ ~ -7.45‰,平均值为 -36.54‰。玉米 $\delta^{18}O$ 值的变化范围为 -10.40‰ ~ 0.99‰,平均值为 -4.50‰;δD 值的变化范围为 -115.41‰ ~ -53.57‰,平均值为 -84.76‰。

总体上来看,柏树、黄荆的同位素平均值明显贫于茅草,表明茅草利用的水分受到蒸发的影响。但黄荆的标准差最大,说明其水源利用变化大,可能折射出灵活的水分利用策略。虽然同为浅根系植物,茅草同位素平均值又显然贫于小麦但重于玉米。紫色土丘陵区作物一年两熟,冬春是小麦,夏秋为玉米,而夏季的降水往往贫同位素,冬季降水重同位素,而茅草生长于全年,故其值处于两者之间。农林复合系统植物水分来源不同,即便是根系均较浅的作物和茅草也不尽相同。

7.3 农作物的水分来源研究

7.3.1 玉米水分利用策略研究

地区降雨量和温度的变化对其水分的利用都尤为重要,以下结合气象数据进行分析。因为坡地土层深度为 50 cm,所以土壤也取到 50 cm,分层分生长期利用 Isosource 模型对玉米各个生长期的水分来源进行计算、分析,本章所有水源结果都是根据 Isosource 处理得到的。

从表7-4 可以看出,在玉米的各个生长期,0 ~ 10 cm 土壤水都是其最主要的水分来源,所占比例均大于70%,特别是苗期,玉米根量较少且分布在表层,所以对 0 ~ 10 cm 土壤水利用率高达85.3%。拔节期为 7 月末,此时温度达到了一年中的最高值,但该月降水量为278 mm,因此拔节期对 0 ~ 10 cm 土壤水利用率达到最大值,为86.4%。抽穗期、灌浆期、成熟期玉米根系较发达,所以利用土壤水的范围较广,对 0 ~ 10 cm 土壤水利用率降低的同时,对更加深层次的土壤水利用在增加,尤其成熟期时,对 40 ~ 50 cm 土壤水利用率可达5.8%。尤其在成熟期,玉米能够从整个土层吸收水分以满足自身蒸腾需要。作物玉米的根属须根系,茎节上也长有节根:从地下茎节长出的称地下节根;从地上茎节长出的节根称支持根、气生根。地下节根是玉米根系的主体,入土深度一般为30 ~ 50 cm。但气生根也有帮助吸收水分的作用,这也是玉米生长后期仍然能够高度吸收表层土壤水的另一个原因。

表 7-4　　各水源对玉米各生长期水分来源的贡献率　　　　　　（%）

土壤深度 （cm）	2016 年 6 月 29 日 （苗期）	2016 年 7 月 30 日 （拔节期）	2016 年 8 月 13 日 （抽穗期）	2016 年 8 月 26 日 （灌浆期）	2016 年 9 月 9 日 （成熟期）
0 ~ 10	85.3	86.4	78.9	68.6	70.6
10 ~ 20	5.9	4.8	5.6	8.8	9.6
20 ~ 30	5.7	5.9	5.4	10.9	6.7
30 ~ 40	2.7	1.7	8.3	9	7.3
40 ~ 50	0.4	1.2	1.8	2.7	5.8

张景文等对山东禹城夏玉米水分来源的研究中发现,拔节期夏玉米主要利用 0 ~ 10 cm 土壤水,抽穗期利用 10 ~ 60 cm 土壤水,灌浆期利用 20 ~ 100 cm 土壤水,成熟期利用大于 60 cm 的土壤水,说明玉米可以利用到 100 cm 左右深度的水分。研究结果的差异可能主要是源于紫色土层浅薄,限制了根系的下扎,在紫色土区玉米只能利用浅薄土壤中的水分,因此也是作物易受干旱影响的主要原因。从这个结果的对比也可以说明,浅薄土层限制了农作物深层次水分的利用。

7.3.2　小麦水分利用策略研究

小麦根系为须根系,由初生根和次生根组成。初生根一般在 7 ~ 10 d 内形成,生育期间平均每天伸长 1.5 cm 左右,但根系大都集中在耕作层 20 cm,占 40% ~ 60%。冬小麦生长周期在 7 个月左右,苗期将近有 5 个月,而拔节期、抽穗期、灌浆期、成熟期均只需 2 周左右的时间。各水源对小麦水分来源的贡献率见表7-5。

表 7-5　各水源对小麦水分来源的贡献率　（%）

土壤深度（cm）	2017 年 1 月 16 日（苗初期）	2017 年 2 月 13 日（苗中期）	2017 年 3 月 16 日（苗后期）	2017 年 3 月 28 日（拔节期）	2017 年 4 月 15 日（抽穗期）	2017 年 5 月 4 日（灌浆期）	2017 年 5 月 16 日（成熟期）
0 ~ 10	95.5	83.5	73.4	71.6	53.0	41.9	41.2
10 ~ 20	1.1	5.0	7.2	8.9	23.4	32.8	33.0
20 ~ 30	1.4	4.6	9.3	9.3	12.0	11.1	10.5
30 ~ 40	1.9	3.9	5.3	6.8	5.5	6.8	7.6
40 ~ 50	0.1	3.0	4.8	3.4	6.1	7.4	7.7

小麦苗初期，根系小、短、细，所以主要利用 0 ~ 10 cm 土壤水，甚至高达 95.5% 的水分都来源于此；随着小麦漫长的生长期的进行，根系渐发达，慢慢地，0 ~ 10 cm 土壤水的贡献率下降，转而利用 20 ~ 30 cm 土壤水，但整个苗期小麦主要利用 0 ~ 10 cm 土壤水，平均利用率达到 70% 以上。拔节期加大了对 10 ~ 50 cm 各层土壤水的利用，抽穗期对 0 ~ 10 cm 土壤水利用降幅明显，而对 10 ~ 20 cm 土壤水利用增加，灌浆成熟期对 0 ~ 30 cm 土壤水利用均较大，相比其他时期，能够均衡地吸收土壤剖面中可以利用的水分。

7.4　茅草的水分来源研究

各水源对茅草水分来源的贡献率见表 7-6。

表 7-6　各水源对茅草水分来源的贡献率　（%）

土壤深度（cm）	1 月	2 月	3 月	4 月	5 月	6 月	7 月	8 月	9 月	10 月	11 月	12 月
0 ~ 10	28.2	44.3	74.3	78.1	81	67.9	90.2	88.6	76.7	82.2	40.2	26.3
10 ~ 20	22.1	19.8	9.9	13	5.4	8.3	4.2	5.2	11.0	7.2	22.1	23.6
20 ~ 30	19.7	15.4	10.5	3.1	6	9.94	2.8	2.3	10.9	6.1	18.9	20.1
30 ~ 40	20.4	14.5	1.6	3.6	4.1	8.3	1.9	1.8	0.8	3.3	14.3	21.3
40 ~ 50	9.6	6	3.7	2.2	3.5	6.1	0.9	2.1	0.6	1.2	4.5	8.7

茅草在 3 ~ 10 月间，对 0 ~ 10 cm 土壤水利用率较大，7 月达到 90.2%，主要是夏季降雨充沛，表层土壤水分含量高。到 11 月、12 月、1 月期间，天气寒冷，蒸散率降低，茅草对各个土层土壤水利用率相差不大，较为均匀地利用整个土层的水分。

7.5　黄荆的水分来源研究

各水源对黄荆水分的贡献率见表 7-7。

表 7-7　各水源对黄荆水分的贡献率　　　　（%）

土壤深度（cm）	1月	2月	3月	4月	5月	6月	7月	8月	9月	10月	11月	12月
0~10	14.6	26.1	36.9	42.5	57.8	33.2	87.6	72.8	71.3	70.6	17.6	9.6
10~30	18.0	20.8	36.4	23.4	11.9	24.1	4.6	8.4	8.3	8.5	15.5	14.0
30~50	16.1	18.2	12	15.8	8.7	14.9	2.4	5.4	6.9	7.2	18.3	11.3
50~70	15.6	14	7.2	9.1	8.1	10.7	5.6	5.6	5.2	6.1	17.1	18.2
70~100	19.6	11.3	5.2	6.7	6.8	11.3	1.6	4.2	4.2	3.8	14.7	20.8
地下水	16.1	9.6	2.3	2.5	6.7	5.8	1.2	3.6	4.1	3.8	16.8	26.1

针对乔木和灌木的土壤取样深度达到 100 cm 的情况，为了简便我们分了 5 层，并把地下水作为一个潜在的水源进行分析研究。从表 7-7 可以看出，在不同的月份（除 12 月、1 月外），黄荆对 0~10 cm 土壤水的利用比例均较大，于 7 月达到最大利用率 87.6%；1~6 月，黄荆对 10~30 cm 土壤水的利用比例也比较大；11 月、12 月、1 月、2 月对地下水的利用较大，但对其他各水源也有稳定的利用。整个研究期内没有出现干旱，黄荆在夏季主要生长季内主要依靠表层的土壤水分满足生长需要。许皓和李彦在对灌木的水分利用策略研究中也发现，对于落叶灌木而言，从浅层土壤获取的水分是其水分消耗的主要来源。

7.6　柏树的水分来源研究

各水源对柏树水分的贡献率见表 7-8。

表 7-8　各水源对柏树水分的贡献率　　　　（%）

土壤深度（cm）	1月	2月	3月	4月	5月	6月	7月	8月	9月	10月	11月	12月
0~10	11.7	5.7	11.2	28.6	60.3	37.2	80.0	78.3	77.1	73.2	15.7	7.4
10~30	11.2	7.3	8.4	24.4	14.5	36.6	6.9	5.2	4.6	5.8	15.6	7.9
30~50	13.7	18.6	13	16.2	5.3	11.8	4.1	3.9	4.1	12.6	11.5	9.8
50~70	16	19.5	28.3	11.8	6.4	5.1	2.9	3.1	1.9	3.7	18.3	23.6
70~100	23.5	28.6	31.4	6.6	6.5	7	2.6	3.2	2.8	3.2	19.5	25.5
地下水	23.9	20.3	7.7	12.4	7.0	2.3	3.5	6.3	9.5	1.5	19.4	25.8

从表 7-8 可以看出，5~10 月，柏树对 0~10 cm 土壤水的利用率均较大，为 60.3%~80.0%，但 6 月例外，仅有 37.2%，这是由于侧柏根系主要分布在表层土壤，并且研究期间 5~10 月降水量较多，土壤湿度大，故此期间 0~10 cm 也成为柏树最重要的水分来源，

但6月降水量骤然减少,导致表层土壤比较干旱,转而6月对10~30 cm 土壤水的利用量也增加。从11月到翌年4月,柏树对各水源的利用情况变化较大,但主要集中利用30 cm以下土壤水及地下水。

刘自强等在对北京侧柏水分利用特征的研究中发现,侧柏根系对降雨反应比较敏感,在雨季主要利用0~20 cm 的土壤水和地下水,利用率为71.6%;而在旱季主要利用60~80 cm 的土壤水和地下水,利用率为71.2%。但贾国栋等在对北京山区侧柏的土壤水分利用特征研究中却得出在不同的季节,侧柏都主要利用表层土壤水分的结论。尽管柏树有深根系,但是当土壤表层水分充足时,这种深根系植物依然会高度依赖表层土壤的水分。

7.7　不同种类植物水分来源比较

总体来看,不管是农作物、草本、灌木还是乔木,它们对于0~10 cm 土壤水的利用均较其他土层或深度水分来源来说要高得多。对于农作物(玉米、小麦)来说,由于苗期根系短小,对0~10 cm 土壤水的利用率均较大,并且各个生长期对此层土壤水利用率都不低于40%,但玉米生长在夏季,整个生长期降水量较多,小麦生长在冬季,降水量较少,因此玉米对0~10 cm 土壤水的利用率比小麦对此层土壤水的利用率高。在降雨量较多的月份里,柏树、黄荆、茅草对0~10 cm 的利用率也较高。

对于40~50 cm 土壤水,小麦由于根系入土深度比玉米浅,因此对此层土壤水的利用率不如玉米,但茅草对此层的利用率更高一些。对于地下水来说,总体上看,柏树对其利用比例高于黄荆。

土壤是植物安身立命的根本,土壤水是植物生长所需水分的直接来源。因此,雨季各类植物普遍利用0~10 cm 土壤水;旱季时,由于表层土壤水蒸发强烈,水分散失,含水量低,植物为了满足生长所需,必然会利用深层土壤水等其他潜在水源。对于森林生态系统,不同深度根系植物间在雨季丰润的季节,存在的一定水源竞争,但当水分含量降低时,这种竞争减弱,以达到共生的目的。

第 8 章　存在的不足与下一步研究计划

8.1　存在的不足

本书基于传统水文学、土壤学研究方法与手段,并结合氢氧同位素技术,以紫色土坡耕地坡面水文过程为主要研究内容,在对紫色土耕地地表、亚地表径流具有过程监测功能的原位小尺度的地块上,主要对自然降雨情况下不同形式的径流过程和典型植物主要利用的水源进行了初步研究,较为深入地认识了紫色土耕地坡面水文过程和不同形式径流水源问题及其产流机制,为紫色土坡面水文预测预报、污染物迁移及灾害防治提供了有用的理论参考。但由于水平有限,实验设计不够完备、人力有限等,仍存在很多不足,总结如下。

本书对紫色土坡面水文过程进行了较为系统的研究,但实验中难免出现一些不足。

8.1.1　样品采集

人力有限造成监测数据不长期、不系统:虽然实验前期利用探地雷达对坡地包气带进行了测定,但本书重点关注了水文过程,缺乏对紫色土坡地包气带层结构和水文现象进行相联系;为防止受蒸发影响,每次雨停时及时进行了降雨总样的采集,所以采样时间并不固定,降雨量采用固定的每日早 8 时到次日早 8 时的降雨累计量,造成了两者有时并不是一一对应的,对数据的分析有一定的影响,所以采集降雨总样的同时测定此次降雨量。降雨过程样采集时按照时间间隔采集,这种方式不能够很好地反映降雨过程中的稳定性氢氧同位素变化,应采集根据降雨量情况采集水样的方法。

用陶土管采集土壤水时,采样频率较低,因为太短的时间间隔不容易收集到水样,需要适当延长采样周期,这样样品数量较少。此外,应加大径流产流初期和各种水文路径的径流采样频率。降雨、土壤水、径流过程样在采集时最好做到同步,但由于人力有限,应该在同一时间点上的样品采集真实时间有一定的差异,会影响对新的现象的发现和解释。

植物样品采样时间间隔(1 个月 1 次)较长,雨季时也没能分雨前、雨后进行采样对比,没有得到不同植物对降雨的响应周期。另外,植物生长是一个非常复杂的过程,只用稳定同位素数据来解释植物水分利用方式是不充分、不完善的,需把同位素数据与其他信息(如叶片水势、叶片面积、蒸腾通量、树轮信息、土壤水势、土壤含水量、土壤盐度等)结合起来,才能更好地解释植物水分利用方式。

8.1.2　水文观测

因为条件的限制,对土壤含水量的测定是采用 Mini Trase 手动测量,仪器笨重,测定耗时较长,土壤水分监测仪器常有问题出现,致使重要的土壤水分数据不完整,测定不能很好地记录土壤含水量在降雨过程中的实时变化,采样频率低。若采用自动化的土壤含水量监测装置既准确又节省人力,数据质量和连续性会更好。因为径流变化很大,记录流量的自制式翻斗计在流量高峰时由于翻动较快可能也存在测量不准确的问题。

8.1.3　径流分割

关于径流分割,2 种同位素只能量化 3 种水分来源,但当土层较多时,如何量化每层土壤水对径流的贡献,其贡献是否等同? 利用水量加权平均得到的土壤水 δD 和 $\delta^{18}O$ 是否合理? 这些都对能否准确量化坡地径流水源有重要的影响。本书也只是定点监测了降雨中的环境同位素变化和电导率,没有添加如溴等水化学示踪剂结合同位素示踪技术进行研究。坡地土壤水分的异质性是利用同位素技术分割浅层包气带(土壤层、土壤母岩母质层)径流水源的最大难点,今后应加强不同土地利用、不同微地形情况下的坡地土壤水分同位素特征,加大采样频率和范围,量化土壤异质性的影响,开展不同雨情下的紫色土坡地产流方式研究。

8.1.4　模拟研究薄弱

本书主要研究内容集中于对紫色土丘陵区坡地水文过程的观测研究,坡地水文也只是区域水循环的一部分,可以利用环境同位素进行降雨—地表水—土壤水—地下水区域水循环和 SPAC 系统植物利用水源的研究和模拟,例如地表水—地下水的交换等问题,更加全面地认识该地区的水循环模式和特征。

8.2　下一步拟开展的研究

8.2.1　流域尺度上氢氧同位素迁移与水分驻留时间的模拟

应用流域模型模拟水流流速变化、水分驻留时间是水文学目前研究的热点。这项工作对于刻画从降雨到径流产生的水文路径,以及蒸发损失等非常重要。目前,已有工作基于氢氧同位素利用分析和概念模型研究水流的流速、移动时间和年龄。这些数值方法和模型使得我们可以检测流域如何混合各种水分和储存以及储存多久的假设,扩大无法通过观测获取数据方面洞察水文过程在时空尺度上的变化。但是,针对复杂的农林复合 - 集镇的农业小流域该项工作开展得还有限,因此有必要基于我们获取的数据开展此类工作。

8.2.2　紫色土丘陵区典型植物用水策略对极端天气事件的响应

气候变化和极端情况,如干旱、高温和极端暴雨,可能对林业、农业生态系统和水资源系统产生重大影响。下一步工作将研究极端气候如何影响紫色土丘陵区农林生态系统中的典型植物,从一个系统的角度出发,以及借助 DNDC 模型描述这些极端气候给作物产量和植物生长所带来的风险,来减轻极端气候给农林业和水资源可能带来的损失。

参 考 文 献

［1］成都土壤室. 中国紫色土［M］. 成都：科学出版社，1991.

［2］朱波，汪涛，徐泰平，等. 紫色丘陵区典型小流域氮素迁移及其环境效应［J］. 山地学报，2006，24
（5）：601-606.

［3］朱兆良，孙波. 中国农业面源污染控制对策研究［J］. 环境保护，2008，394（4）：4-6.

［4］赵其国. 闽西南及赣南地区水土流失问题的思考与建议［J］. 中国水土保持，2006（8）：1-3.

［5］汪涛，朱波，罗专溪，等. 紫色土坡耕地径流特征实验研究［J］. 水土保持学报，2008，22（6）：30-
34.

［6］蔡强国，吴淑安. 紫色土陡坡地不同土地利用对水土流失过程的影响［J］. 水土保持通报，1998，
18（2）：1-8.

［7］MOOK W G，GAT J R，MEIJER H A，et al. Environmental isotopes in the hydrological cycle：principles
and applications［J］. Technical Documents in Hydrology，2001（39）：49-51.

［8］宋献方，夏军，于静洁，等. 应用环境同位素技术研究华北典型流域水循环机理的展望［J］. 地理
科学进展，2002，21（6）：527-537.

［9］CARREIRA P M，MARQUES J M，MARQUES J E，et al. Defining the dynamics of groundwater in Serra
da Estrela Mountain area，central Portugal：an isotopic and hydrogeochemical approach［J］. Hydrogeology
Journal，2011，19（1）：117-131.

［10］杨大文，雷慧闽，丛振涛. 流域水文过程与植被相互作用研究现状评述［J］. 水利学报，2010（10）：
1142-1149.

［11］赵静，吴昌广，周志翔，等. 三峡库区 1988~2007 年植被覆盖动态变化研究［J］. 长江流域资源与
环境，2011（S1）：30-38.

［12］钟祥浩，刘淑珍，范建容. 长江上游生态退化及其恢复与重建［J］. 长江流域资源与环境，2003，
12（2）：157-162.

［13］李文华. 长江洪水与生态建设［J］. 自然资源学报，1999，14（1）：4-9.

［14］朱波，况福虹，高美荣，等. 土层厚度对紫色土坡地生产力的影响［J］. 山地学报，2009，27（6）：
735-739.

［15］张信宝，朱波，张建辉，等. 地下地膜截水墙———一种新的节水农业技术［J］. 山地学报，1999，17
（2）：115-118.

［16］王红兰. 川中丘陵区林地与坡耕地土壤水力学性质研究［D］. 杨凌：西北农林科技大学，2013.

［17］Phillips F M. Hydrology：Soil-water bypass［J］. Nature Geoscience，2010，3（2）：77-78.

［18］王平元，刘文杰，李鹏菊，等. 植物水分利用策略研究进展［J］. 广西植物，2010（1）：82-88.

［19］刘刚才，朱波，林三益，等. 四川紫色土丘陵区农林系统的水土保持作用［J］. 山地学报，2001
（S1）：60-64.

［20］芮孝芳. 关于降雨产流机制的几个问题的讨论［J］. 水利学报，1996（9）：22-26.

［21］刘贤赵，康绍忠. 降雨入渗和产流问题研究的若干进展及评述［J］. 水土保持通报，1999，19（2）：
57-63.

［22］Horton R E. The Rôle of infiltration in the hydrologic cycle［J］. Eos Transactions American Geophysical
Union，1933，14（1）：446-460.

[23] Horton R E. Surface runoff phenomena, Part I. Analysis of the Hydrograph[J]. Horton Hydrology Laboratory, Publication 101, Voorheesville, New York 1935, ([R] [S. l.]).

[24] Hewlett J D, Hibbert A R. Moisture and energy conditions within a sloping soil mass during drainage[J]. Journal of Geophysical Research, 1963, 68(4): 1081-1087.

[25] Dunne T, Black R D. An experimental investigation of runoff production in permeable soils[J]. Water Resources Research, 1970, 6(2): 478-490.

[26] Freeze R A. Mathematical models of hillslope hydrology[M]. John Wiley, 1978.

[27] Holden J, Burt T, Cox N. Macroporosity and infiltration in blanket peat: the implications of tension disc infiltrometer measurements[J]. Hydrological Processes, 2001, 15(2): 289-303.

[28] Holden J, Burt T. Hydrological studies on blanket peat: The significance of the acrotelm-catotelm model[J]. Journal of Ecology, 2003, 91(1): 86-102.

[29] Careys K, Woo M K. Slope runoff processes and flow generation in a subarctic, subalpine catchment[J]. Journal of Hydrology, 2001, 253(1): 110-129.

[30] Tanaka T, Yasuhara M, Sakai H, et al. The Hachioji experimental basin study-storm runoff processes and the mechanism of its generation[J]. Journal of Hydrology, 1988, 10(21): 139-164.

[31] George R J, Conacher A J. Mechanisms responsible for streamflow generation on a small, salt-affected and deeply weathered hillslope[J]. Earth Surface Processes and Landforms, 1993, 18(4): 291-309.

[32] Withers P J A, Hodgkinson R A, Bates A, et al. Soil cultivation effects on sediment and phosphorus mobilization in surface runoff from three contrasting soil types in England[J]. Soil & Tillage Research, 2007, 93(2): 438-451.

[33] Woolhiser D A, Liggett J A. Unsteady, one-dimensional flow over a plane-the rising hydrograph[J]. Water Resources Research, 1967, 3(3): 753-771.

[34] Kemper W. Effeets of soil properties on precipitation use efficiency[J]. Irrigation Sci, 1993(14):65-73.

[35] Helalia A M. The relation between soil infiltration and effective porosity in different soils[J]. Agricultural water management, 1993, 24(1): 39-47.

[36] Buttle J M, Creed I F, Pomeroy J W. Advances in Canadian forest hydrology, 1995—1998[J]. Hydrological Processes, 2000, 14(9): 1551-1578.

[37] Lin H, Zhou X. Evidence of subsurface preferential flow using soil hydrologic monitoring in the Shale Hills catchment[J]. European Journal of Soil Science, 2008(59):34-49.

[38] Peters D L, Buttle J M, Taylor C H, et al. Runoff production in a forested, shallow soil Canadian Shield basin[J]. Water Resources Research, 1995(31):1291-1304.

[39] 沈冰, 王文焰, 沈晋. 短历时降雨强度对黄土坡地径流形成影响的实验研究[J]. 水利学报, 1995, (3):21-27.

[40] 陈洪松, 邵明安, 张兴昌, 等. 野外模拟降雨条件下坡面降雨入渗产流实验研究[J]. 水土保持学报, 2005, 19(1): 5-8.

[41] 袁建平, 蒋定生, 甘淑. 影响坡地降雨产流历时的因子分析[J]. 山地学报, 1999, 17(3): 259-264.

[42] 陈伟. 黑龙江省西部丘陵漫岗区坡耕地降雨径流与土壤侵蚀特征[D]. 哈尔滨: 东北农业大学, 2012.

[43] 付智勇, 李朝霞, 蔡崇法, 等. 三峡库区不同厚度紫色土坡耕地产流机制分析[J]. 水科学进展, 2011, 22(5): 680-689.

[44] 王永森,陈建生. 降雨过程中稳定同位素组成分析[J]. 中国农村水利水电,2009(2):15-18.

[45] 施鑫源,杜文才. 大气降水中的同位素和环境同位素在地下水补给研究中的应用[J]. 工程勘察,1984,(6):17-20.

[46] 王晶晶. 土壤作物系统中水分及其氢氧稳定同位素的动态与农田耗水特征[D]. 北京:中国农业大学,2015.

[47] 钟兰芳. 稳定性碳同位素对植物水分利用效率的指示作用[J]. 广东林业科技,2008(2):92-97.

[48] Dansgaard W. Stable isotopes in precipitation[J]. Tellus, 1964, 16(4):436-468.

[49] 李立武,杜晓宁. 重水中氢氧同位素的质谱分析[J]. 同位素,2005,18(3):134-134.

[50] 陶永祥. 激光法测定同位素比率将与质谱法媲美[J]. 激光与光电子学进展,1982,19(3):42-43.

[51] Craig H. Isotopic Variations in Meteoric Waters[J]. Science, 1961, 133(3465):1702-1703.

[52] Rozanski K, Araguásaraguás L, Gonfiantini R. Relation Between Long-Term Trends of Oxygen – 18 Isotope Composition of Precipitation and Climate[J]. Science, 1992, 258(5084):981-985.

[53] Garzione C N, Quade J, Decelles P G, et al. Predicting paleoelevation of Tibet and the Himalaya from δ^{18}O vs. altitude gradients in meteoric water across the Nepal Himalaya[J]. Earth and Planetary Science Letters, 2000, 183(1):215-229.

[54] Benjamin L, Knobel L L, Hall L F, et al. Development of a Local Meteoric Water Line for Southeastern Idaho, Western Wyoming, and South-Central Montana[J]. Usgs, 2004:1-23.

[55] Longinelli A, Selmo E. Isotopic composition of precipitation in Italy: a first overall map[J]. Journal of Hydrology, 2003, 270(1–2):75-88.

[56] Petit J R, Raynaud D, Lorius, C, et al. Historical isotopic temperature record from the Vostok ice core. In Trends: A Compendium of Data on Global Change[J]. Carbon Dioxide Information Analysis Center, Oak Ridge National Laboratory, U. S. Department of Energy, Oak Ridge, Tenn., U.S.A., 2000, doi:10.3334/CDIAC/cli.006.

[57] Lee, K. – S, Wenner D B, LEE I. Using H – and O – isotopic data for estimating the relative contributions of rainy and dry season precipitation to groundwater: example from Cheju Island, Korea[J]. Journal of Hydrology, 1999, 222(1):65-74.

[58] Lawrence J R, White J W. The elusive climate signal in the isotopic composition of precipitation[M]. 1991.

[59] A M. Elements of isotopic hydrogeology. Applications to the mineral springs of Evian and Mont-Dore[J]. Presse Therm Clim, 1971, 108(3):155-164.

[60] 郑淑蕙,侯发高,倪葆龄. 我国大气降水的氢氧稳定同位素研究[J]. 科学通报,1983(13):801-806.

[61] 柳鉴容,宋献方,袁国富,等. 中国东部季风区大气降水 δ^{18}O 的特征及水汽来源[J]. 科学通报,2009(22):3521-3531.

[62] 柳鉴容,宋献方,袁国富,等. 西北地区大气降水 δ^{18}O 的特征及水汽来源[J]. 地理学报,2008,61(1):12-22.

[63] 卫克勤,林瑞芬. 论季风气候对我国雨水同位素组成的影响[J]. 地球化学,1994,23(1):32-41.

[64] 章新平,姚檀栋. 我国降水中 δ^{18}O 的分布特点[J]. 地理学报,1998,53(4):356-364.

[65] 李晖,蒋忠诚,王月,等. 新疆地区大气降水中稳定同位素的变化特征[J]. 水土保持研究,2009,16(5):157-161.

[66] 田立德,姚檀栋,余武生,等. 青藏高原水汽输送与冰芯中稳定同位素记录[J]. 第四纪研究,

2006, 26(2): 145-152.

[67] Mein R G, Larson C L. Modeling infiltration during a steady rain[J]. Water Resources Research, 1973, 9(2): 384-394.

[68] Gazis C, Feng X. A stable isotope study of soil water: evidence for mixing and preferential flow paths[J]. Geoderma, 2004, 119(1): 97-111.

[69] Zimmermann U, Ehhalt D, Muennich K O. Soil-water movement and evapotranspiration: Changes in the isotopic composition of the water[J]. Isotopes in Hydrology. Vienna, International Atomic Energy Agency, 1967: 567-585.

[70] Gehrels J, Peeters J, De Vries J, et al. The mechanism of soil water movement as inferred from ^{18}O stable isotope studies[J]. Hydrological sciences journal, 1998, 43(4): 579-594.

[71] Mathieu R, Bariac T. An isotopic study (^{2}H and ^{18}O) of water movements in clayey soils under a semiarid climate[J]. Water Resources Research, 1996, 32(4): 779-789.

[72] Brooks J R, Barnard H R, Coulombe R, et al. Ecohydrologic separation of water between trees and streams in a Mediterranean climate[J]. Nature Geoscience, 2009, 3(2): 100-104.

[73] 田立德,姚檀栋,孙维贞. 青藏高原中部土壤水中稳定同位素变化[J]. 土壤学报, 2002, 39(3): 289-295.

[74] 王仕琴,宋献方,肖国强, 等. 基于氢氧同位素的华北平原降水入渗过程[J]. 水科学进展, 2009, (4): 495-501.

[75] 田日昌,陈洪松,宋献方, 等. 湘西北红壤丘陵区土壤水运移的稳定性同位素特征[J]. 环境科学, 2009, 30(9): 2747-2754.

[76] 包为民,王涛,胡海英, 等. 降雨入渗条件下土壤水同位素变化实验[J]. 中山大学学报 (自然科学版), 2009, 48(6): 132-137.

[77] 王涛,包为民,李璐, 等. 土壤 - 水混合实验同位素变化研究[J]. 水文地质工程地质, 2010, 37(2): 104-107.

[78] Yuan F, Miyamoto S. Oxygen and hydrogen isotope variations in the Pecos River of American Southwest [A]// AGU Fall Meeting. AGU Fall Meeting Abstracts, 2006.

[79] Halder J, Decrouy L, Vennemann T W. Mixing of Rhône River water in Lake Geneva (Switzerland-France) inferred from stable hydrogen and oxygen isotope profiles[J] Journal of Hydrology, 2013, 477(477): 152-164.

[80] Mizutani Y, Satake H. Hydrogen and Oxygen Isotope Compositions of River Waters as an Index of the Source of Groundwaters[J]. Journal of Groundwater Hydrology, 1997, 39(4): 287-297.

[81] 孙婷婷. 长江流域水稳定同位素变化特征研究[D]. 南京:河海大学, 2007.

[82] 李小飞,张明军,王圣杰, 等. 黄河流域大气降水氢氧稳定同位素时空特征及其环境意义[J]. 地质学报, 2013(2): 269-277.

[83] Blavoux B, Olive P. Radiocarbon dating of groundwater of the aquifer confined in the Lower Triassic sandstones of the Lorraine region, France[J]. Journal of Hydrology, 1981, 54(1): 167-183.

[84] 蔡明刚,黄奕普,陈敏, 等. 厦门岛南岸地下水的氢氧同位素的示踪研究[J]. 海洋科学, 2003(9): 1-6.

[85] 陈建生,汪集旸,赵霞, 等. 用同位素方法研究额济纳盆地承压含水层地下水的补给[J]. 地质论评, 2004, 50(6): 649-658.

[86] 孙自永,程国栋,马瑞, 等. 雾水的 D 和^{18}O 同位素研究进展[J]. 地球科学进展, 2008, 23(8): 794-802.

[87] Aravena R, Suzuki O, Pollastri A. Coastal fog and its relation to groundwater in the IV region of northern Chile[J]. Chemical Geology Isotope Geoscience, 1989, 79(1): 83-91.

[88] Dawson T E. Fog in the California redwood forest: ecosystem inputs and use by plants[J]. Oecologia, 1998, 117(4): 476-485.

[89] Corbin J D, Thomsen M A, Dawson T E, et al. Summer Water Use by California Coastal Prairie Grasses: Fog, Drought, and Community Composition[J]. Oecologia, 2005, 145(4): 511-521.

[90] Chen L, Liu C, Li F. Reviews on base flow researches[J]. Progress in Geography, 2006, 25(1): 1-15.

[91] Buttle J, Vonk A, Taylor C. Applicability of isotopic hydrograph separation in a suburban basin during snowmelt[J]. Hydrological Processes, 1995, 9(2): 197-211.

[92] Pearce A, Stewart M, Sklash M. Storm runoff generation in humid headwater catchments: 1. Where does the water come from? [J]. Water Resources Research, 1986, 22(8): 1263-1272.

[93] Dewalle D R, Swistock B R, Sharpe W E. Three-component tracer model for stormflow on a small Appalachian forested catchment[J]. Journal of Hydrology, 1988, 104(1): 301-310.

[94] Sklash M, Farvolden R, Fritz P. A conceptual model of watershed response to rainfall, developed through the use of oxygen－18 as a natural tracer[J]. Canadian Journal of Earth Sciences, 1976, 13(2): 271-283.

[95] Joerin C, Beven K J, Iorgulescu I, et al. Uncertainty in hydrograph separations based on geochemical mixing models[J]. Journal of Hydrology, 2002, 255(1): 90-106.

[96] Lyon S W, Desilets S L. A T P. A tale of two isotopes: differences in hydrograph separation for a runoff event when using δD versus $\delta^{18}O$[J]. Hydrological Processes, 2009, 23(14): 2095-2101.

[97] Wels C, Cornett R J, Lazerte B D. Hydrograph separation: A comparison of geochemical and isotopic tracers[J]. Journal of Hydrology, 1991, 122(1): 253-274.

[98] 顾慰祖. 同位素水文学[M]. 北京:科学出版社, 2011.

[99] 冀春雷. 基于氢氧同位素的川西亚高山森林对水文过程的调控作用研究[D]. 北京:中国林业科学研究院, 2011.

[100] 王宁练,张世彪,贺建桥,等. 祁连山中段黑河上游山区地表径流水资源主要形成区域的同位素示踪研究[J]. 科学通报, 2009(15): 2148-2152.

[101] 顾慰祖. 利用环境同位素及水文实验研究集水区产流方式[J]. 水利学报, 1995(5): 9-17.

[102] 顾慰祖,尚熳廷,翟劭燚,等. 天然实验流域降雨径流现象发生的悖论[J]. 水科学进展, 2010, 21(4): 471-478.

[103] 谢小立,尹春梅,陈洪松,等. 基于环境同位素的红壤坡地水分运移研究[J]. 水土保持通报, 2012, 32(3): 1-6.

[104] 郭晓军,崔鹏,朱兴华. 泥石流多发区蒋家沟流域的下渗与产流特点[J]. 山地学报, 2012, 30(5): 585-591.

[105] Klaus J, Zehe E, Elsner M, et al. Macropore flow of old water revisited: experimental insights from a tile-drained hillslope[J]. Hydrol Earth Syst Sci, 2013(17):103-118.

[106] Dahlke H E, Easton Z M, Lyon S W, et al. Dissecting the variable source area concept-Subsurface flow pathways and water mixing processes in a hillslope[J]. Journal of Hydrology, 2012, 420(4): 125-141.

[107] Vogel T, Sanda M, Dusek J, et al. Using oxygen－18 to study the role of preferential flow in the formation of hillslope runoff[J]. Vadose Zone Journal, 2010, 9(2): 252-259.

［108］ 孟薇.基于环境同位素技术的红壤坡地土壤水分运移规律研究［D］.北京:中国科学院亚热带农业生态研究所,2007.

［109］ 胡海英,包为民,瞿思敏,等.稳定性氢氧同位素在水体蒸发中的研究进展［J］.水文,2007(3): 1-5.

［110］ 孙双峰,黄建辉,林光辉,等.稳定同位素技术在植物水分利用研究中的应用［J］.生态学报, 2005(9):2362-2371.

［111］ 杜雪莲,王世杰.稳定性氢氧同位素在植物用水策略中的研究进展［J］.中国农学通报,2011 (22):5-10.

［112］ Zhao L,Wang L,Cernusak L A,et al. Significant Difference in Hydrogen Isotope Composition Between Xylem and Tissue Water in Populus Euphratica［J］. Plant, Cell & Environment, 2016(39):1848-1857.

［113］ Phillips D L,Gregg J W. Source partitioning using stable isotopes: coping with too many sources［J］. Oecologia, 2003, 136(2): 261-269.

［114］ Dawson T E,Ehleringer J R. Streamside trees that do not use stream water［J］. Nature, 1991, 350 (6316): 335-337.

［115］ Li W,Yan M,Zhang Q,et al. Groundwater use by plants in a semi-arid coal-mining area at the Mu Us Desert frontier［J］. Environmental Earth Sciences, 2013, 69(3): 1015-1024.

［116］ Liu Y,Xu Z,Duffy R,et al. Analyzing relationships among water uptake patterns, rootlet biomass distribution and soil water content profile in a subalpine shrubland using water isotopes［J］. European Journal of Soil Biology, 2011, 47(6): 380-386.

［117］ Wang P,Song X F,Han D M,et al. A study of root water uptake of crops indicated by hydrogen and oxygen stable isotopes: a case in Shanxi Province, China［J］. Agricultural Water Management, 2010, 97 (3): 475-482.

［118］ Asbjornsen H,Mora G,Helmers M J. Variation in water uptake dynamics among contrasting agricultural and native plant communities in the Midwestern U. S［J］. Agriculture Ecosystems & Environment, 2007, 121(4): 343-356.

［119］ White J W C,Cook E R,Lawrence J R,et al. The DH ratios of sap in trees: Implications for water sources and tree ring DH ratios［J］. Geochimica Et Cosmochimica Acta, 1985, 49(1): 237-246.

［120］ Sternberg L,Swart P K. Utilization of Freshwater and Ocean Water by Coastal Plants of Southern Florida［J］. Ecology, 1987, 68(6): 1898-1905.

［121］ Thorburn P J,Walker G R. Variations in stream water uptake by Eucalyptus camaldulensis with differing access to stream water［J］. Oecologia, 1994, 100(3): 293-301.

［122］ Smith S D,Wellington A B,Nachlinger J L,et al. Functional Responses of Riparian Vegetation to Streamflow Diversion in the Eastern Sierra Nevada［J］. Ecological Applications A Publication of the Ecological Society of America, 1991, 1(1): 89.

［123］ 褚建民.干旱区植物的水分选择性利用研究［D］.北京:中国林业科学研究院,2007.

［124］ 李鹏菊,刘文杰,王平元,等.西双版纳石灰山热带季节性湿润林内几种植物的水分利用策略［J］.云南植物研究,2008(4):496-504.

［125］ 刘丽颖,贾志清,朱雅娟,等.高寒沙地不同林龄中间锦鸡儿的水分利用策略［J］.干旱区资源与环境,2012(5):119-125.

［126］ 赵文智,程国栋.干旱区生态水文过程研究若干问题评述［J］.科学通报,2001,46(22):1851-1857.

[127] Caldwell M M, Dawson T E, Richards J H. Hydraulic lift: consequences of water efflux from the roots of plants[J]. Oecologia, 1998, 113(2): 151-161.

[128] Schulze E D, Caldwell M M, Canadell J, et al. Downward flux of water through roots (i. e. inverse hydraulic lift) in dry Kalahari sands[J]. Oecologia, 1998, 115(4):460-462.

[129] Newton M. Growth and Water Relations of Douglas Fir (Pseudotsuga menziesii) Seedlings under Different Weed Control Regimes[J]. Weed Science, 1988, 36(5): 653-662.

[130] Schwinning S. The ecohydrology of roots in rocks[J]. Ecohydrology, 2010, 3(2): 238-245.

[131] Schwinning S. The water relations of two evergreen tree species in a karst savanna[J]. Oecologia, 2008, 158(3): 373-383.

[132] Stahl C, Hérault B, Rossi V, et al. Depth of soil water uptake by tropical rainforest trees during dry periods: does tree dimension matter? [J]. Oecologia, 2013, 173(4): 1191-1201.

[133] Gardner W R. Relation of Root Distribution to Water Uptake and Availability[J]. Agron J,1994(56): 41-45.

[134] Groom P K. Mini-review: Rooting depth and plant water relations explain species distribution patterns within a sandplain landscape[J]. Functional Plant Biology, 2004, 31(5): 423-428.

[135] 聂云鹏,陈洪松,王克林. 土层浅薄地区植物水分来源研究方法[J]. 应用生态学报, 2010(9): 2427-2433.

[136] 余绍文,张溪,段丽军, 等. 氢氧稳定同位素在植物水分来源研究中的应用[J]. 安全与环境工程, 2011(5): 1-6.

[137] 边俊景,孙自永,周爱国, 等. 干旱区植物水分来源的 D、^{18}O 同位素示踪研究进展[J]. 地质科技情报, 2009, 28(4): 120-123.

[138] Hubbert K R, Beyers J L, Graham R C. Roles of weathered bedrock and soil in seasonal water relations of Pin[J]. Canadian Journal of Forest Research, 2001, 31(11): 1947-1957.

[139] Graham R C, Parker D R. Water Source Utilization by Pinus jeffreyi and Arctostaphylos patula on Thin Soils over Bedrock[J]. Oecologia, 2003, 134(1): 46-54.

[140] Rong L, Chen X, Chen X, et al. Isotopic analysis of water sources of mountainous plant uptake in a karst plateau of southwest China[J]. Hydrological Processes, 2011, 25(23): 3666-3675.

[141] Zwieniecki M A, Newton M. Seasonal pattern of water depletion from soil-rock profiles in a Medit[J]. Canadian Journal of Forest Research, 1996, 26(8): 1346-1352.

[142] Rose K, Graham R, Parker D. Water source utilization by Pinus jeffreyi, and Arctostaphylos patula, on thin soils over bedrock[J]. Oecologia, 2003, 134(1): 46-54.

[143] Alila Y, Kuraś P K, Schnorbus M, et al. Forests and floods: A new paradigm sheds light on age-old controversies[J]. Water Resources Research, 2009, 45(8): 2263-2289.

[144] 贾海燕,雷阿林,雷俊山, 等. 紫色土地区水文特征对硝态氮流失的影响研究[J]. 环境科学学报, 2006, (10): 1658-1664.

[145] Jia G, Yu X, Deng W. Seasonal water use patterns of semi-arid plants in China[J]. Forestry Chronicle, 2013, 89(2): 169-177.

[146] Parnell A C, Jackson A L. siar: Stable Isotope Analysis in R[J]. 2013.

[147] R core Team(2018). R:A language and environment for statistical, computing. R Foundation for Statistical Computing, Vienna. ,https://www. R – project. org/.

[148] Schotterer U, Fröhlich K, Gäggeler H W, et al. Isotope records from Mongolian and Alpine ice cores as climate indicators[J] Climatic Change, 1997, 36(3 – 4): 519-530.

[149] 章新平,刘晶淼,孙维贞,等.中国西南地区降水中氧稳定同位素比率与相关气象要素之间关系的研究[J].中国科学:D辑,2006,36(9):850-859.

[150] 吴华武,章新平,孙广禄,等.长江流域大气降水中 $\delta^{18}O$ 变化与水汽来源[J].气象与环境学报,2011,27(5):7-12.

[151] 姚檀栋.内陆河流域系统降水中的稳定同位素——乌鲁木齐河流域降水中 $\delta^{18}O$ 与温度关系研究[J]冰川冻土,2000,22(1):15-22.

[152] Schotterer U,Fr Hlich K,Oldfield F, et al. GNIP-Global Network for Isotopes in Precipitation[M]. To Joel Gat and Hans Oeschger (GNIP). IAEA, 1996.

[153] Sonntag C,Klitzsch E,Loehnert E, et al. Palaeoclimatic information from deuterium and oxygen – 18 in carbon – 14 dated north Saharian groundwaters; groundwater formation in the past[J]. Proceedings Series-International Atomic Energy Agency,1978.

[154] Deshpande R, Bhattacharya S,Jani R, et al. Distribution of oxygen and hydrogen isotopes in shallow groundwaters from Southern India: influence of a dual monsoon system[J]. Journal of Hydrology, 2003, 271(1):226-239.

[155] 章新平,刘晶淼,谢自楚.我国西南地区降水中过量氘指示水汽来源[J].冰川冻土,2009(4):613-619.

[156] 徐庆,安树青,刘世荣,等.四川卧龙亚高山暗针叶林降水分配过程的氢稳定同位素特征[J].林业科学研究,2005,41(4):7-12.

[157] 杨郧城,侯光才,文东光,等.鄂尔多斯盆地大气降雨氢氧同位素的组成与季节效应[J].地球学报,2005,26(b09):289-292.

[158] Clark I,Fritz P E. Environmental Isotopes in Hydrogeology[J]. Environmental Geology, 2003, 43(5):532-532.

[159] 章新平,姚檀栋.大气降水中氧同位素分馏过程的数学模拟[J].冰川冻土,1994,16(2):156-165.

[160] 徐庆,刘世荣,安树青,等.卧龙地区大气降水氢氧同位素特征的研究[J].林业科学研究,2006,19(6):679-686.

[161] 田立德,姚檀栋,孙维贞.青藏高原南北降水中D和 ^{18}O 关系及水汽循环[J].中国科学:D辑,2001,31(3):214-220.

[162] Prasad K D, Bansod S D. Interannual variations of outgoing long wave radiation and Indian summer monsoon rainfall[J]. International Journal of Climatology, 2000,20(15):1955-1964.

[163] Nobles M M,Wilding L P, Lin H S. Flow pathways of bromide and Brilliant Blue FCF tracers in caliche soils[J]. Journal of Hydrology, 2009(393):114-122.

[164] 王丽,王金生,杨志峰,等.不流动水对包气带溶质运移的影响研究进展[J].水利学报,2001,32(12):68-73.

[165] 刘宏伟,余钟波,崔广柏.湿润地区土壤水分对降雨的响应模式研究[J].水利学报,2009,40(7):822-830.

[166] 张亚丽,李怀恩,张兴昌,等.降雨—径流—土壤混合层深度研究进展[J].农业工程学报,2007,23(9):283-290.

[167] Zhao P,Tang X, Zhao P, et al. Identifying the water source for subsurface flow with deuterium and oxygen – 18 isotopes of soil water collected from tension lysimeters and cores[J]. Journal of Hydrology, 2013, 503(2):1-10.

[168] 吕殿青,邵明安,刘春平.容重对土壤饱和水分运动参数的影响[J].水土保持学报,2006,20

（3）：154-157.

[169] 刘金涛,梁忠民.坡地径流入渗机制对水文模拟的影响分析[J].水科学进展,2009,20(4)：647-653.

[170] Gouet-Kaplan M,Gilboa A,Berkowitz B. Interplay between resident and infiltrating water：estimates from transient water flow and solute transport[J]. Journal of Hydrology, 2012, 458：40-50.

[171] Zhao P,Tang X,Zhao P, et al. Tracing water flow from sloping farmland to streams using oxygen－18 isotope to study a small agricultural catchment in southwest China[J]. Soil & Tillage Research, 2013, 134(8)：180-194.

[172] 石俊杰.利用同位素原位监测技术分割农田蒸散研究[D].杨凌：西北农林科技大学,2012.

[173] 张景文,陈报章.基于同位素分析研究山东禹城夏玉米水分来源[J].水土保持学报,2017,31(4)：99-104.

[174] 许皓,李彦. 3种荒漠灌木的用水策略及相关的叶片生理表现[J].西北植物学报,2005,25(7)：1309-1316.

[175] 刘自强,余新晓,邓文平,等.华北山区油松侧柏降雨前后水分来源[J].中国水土保持科学,2016,14(2)：111-119.

[176] 刘自强,余新晓,贾国栋,等.北京山区侧柏和栓皮栎的水分利用特征[J].林业科学,2016,52(9)：22-30.

[177] 贾国栋.基于稳定氢氧同位素技术的植被——土壤系统水分运动机制研究[D].北京：北京林业大学,2013.

[178] 贾国栋,余新晓,邓文平,等.北京山区典型树种土壤水分利用特征[J].应用基础与工程科学学报,2013,21(3)：403-411.

[179] 郝芳华,陈利群,刘昌明,等.土地利用变化对产流和产沙的影响分析[J].水土保持学报,2004,18(3):6-9.

[180] 左长清,胡根华,张华明.红壤坡地水土流失规律研究[J].水土保持学报,2003,17(6):89-91.

[181] 刘刚才.紫色土坡耕地的降雨产流机制及产流后的土壤水分的变化特征[D].成都:四川大学,2002.

[182] Tang, Zhu B, Wang T, et al. Subsurface flow processes. insloping. Lroplanal of purple soil Journal of Mountain Science,2012,9(1):1-8.

[183] 李军健.不同种植模式下紫色土坡耕地水分及养分流失特征研究[D].重庆:西南大学,2006.

[184] 王玉霞.不同供水条件下紫色土入渗影响因素研究[D].重庆:重庆大学,2011.

[185] 罗专溪,朱波,汪涛,等.紫色土坡耕地水量季节变异特征与平衡初步研究[J].水土保持学报,2007,21(2):124-128.

[186] 架康宁,张建军.晋西黄土残源沟壑区水土保持林坡面径流规律研究[J].北京林业大学学报.1997(4):1-6.

[187] 汪涛,朱波,罗专溪,等.紫色土坡耕地硝酸盐流失过程与特征研究[J].土壤学报,2010,47(5):962-970.

[188] 朱波,汪涛,况福虹,等.紫色土坡耕地硝酸盐淋失特征[J].环境科学学报,2008,28(3):525-533.

后　记

　　本书的实验内容是在中国科学院盐亭紫色土农业生态实验站完成的,感谢实验站提供的平台和科研条件。紫色土水文过程有其特殊性,本书的研究内容只是冰山一角、窥见一斑,还需要大量的后续研究。整个研究过程中,得到了中国科学院成都山地灾害与环境研究所朱波研究员、唐翔宇研究员、唐家良研究员、章熙锋等专家领导的关心指导以及部分学生的大力协助,在此表示深深的谢意。